高职高专机电类教学改革系列教材
国家精品课程配套教材

电工及电气测量技术实训教程

主　编　白广新
参　编　郝英明
主　审　徐　茜

机 械 工 业 出 版 社

本书为高职高专机电类教学改革系列教材，全书共分3篇。

第1篇主要介绍电工仪表及电气测量的基础知识。通过这一篇的学习，使学生首先建立电工及电气测量的基本概念，了解测量误差产生的原因，帮助学生对今后所完成的每一个实训进行误差分析。通过本篇的学习，学生还可以初步了解电工仪表的基本知识，有利于提高学生对电工常用仪表的正确使用能力。

第2篇围绕常用电工仪器仪表的使用及常用元器件的识别展开，通过本篇的学习，可以培养和训练学生对常用电工仪器仪表的正确操作，可以使学生掌握常用元器件的正确判别方法，提高学生今后独立完成各项实训的能力。这是电类专业学生的基本操作能力。

第3篇给出了20个电工及电气测量技术的基本实训项目及3个综合实训，供教师和学生在“电工及电气测量技术”课内实训时选用。每个实训项目都包括实训目的、本次实训的相关知识、实训接线图和实训内容等，使用方便。

本书配有电子教案供教师使用，凡选用本书作为授课用书的学校，均可免费索取，咨询电话：010-88379375。

图书在版编目（CIP）数据

电工及电气测量技术实训教程/白广新主编．—北京：机械工业出版社，2007.1（2024.8重印）

高职高专机电类教学改革系列教材·国家精品课程配套教材

ISBN 978-7-111-20671-2

Ⅰ.电…　Ⅱ.白…　Ⅲ.①电工技术-高等学校:技术学校-教材 ②电气测量-高等学校:技术学校-教材　Ⅳ.TM

中国版本图书馆CIP数据核字（2006）第165183号

机械工业出版社（北京市百万庄大街22号　邮政编码100037）

策划编辑：于　宁　王玉鑫　责任编辑：王玉鑫　版式设计：冉晓华

责任校对：王　欣　封面设计：姚　毅　责任印制：张　博

北京雁林吉兆印刷有限公司印刷

2024年8月第1版第14次印刷

184mm×260mm·8.5印张·203千字

标准书号：ISBN 978-7-111-20671-2

定价：29.80元

电话服务	网络服务
客服电话：010-88361066	机　工　官　网：www.cmpbook.com
010-88379833	机　工　官　博：weibo.com/cmp1952
010-68326294	金　　书　　网：www.golden-book.com
封底无防伪标均为盗版	机工教育服务网：www.cmpedu.com

前　言

本教材的内容，是按照国家级精品课程《电工及电气测量技术》对课内实训的要求，并结合高职教育的特色和培养目标，经过反复研究而精心选定的。本书可供电类专业和相关专业电工及电气测量课程作为实训教材使用，也可供有关技术人员参考。

本教材以培养应用型人才为目标，以强化基础、突出能力、注重实用为原则，在学生掌握电工及电气测量基本知识的基础上，强化操作技能和综合能力的培养。通过学习和实训，使学生具有识图的能力；具有正确选择和检测常用电路元器件的能力；具有正确使用常用电工仪器仪表的能力；具有电路的安装制作能力；具有电路功能检测和排除故障的能力。全书共分3篇，第1篇主要介绍电工仪表及电气测量的基础知识；第2篇围绕常用电工仪器仪表的使用及常用元器件的识别展开；第3篇给出了20个电工及电气测量技术的基本实训项目及3个综合实训，供教师和学生在课内实训时选用。考虑到课程的基础性和应用性，教材重点放在电工及电气测量的基本知识和基本技能的训练上，突出动手能力的培养，并保证全书具有一定的深度。

本教材编写特点：

1. 将“电工学”与“电气测量”的内容有机地融合，在电工学实训中加入电气测量仪表的基本结构与使用方法，在实训分析中逐步深入地学习误差理论与各种测量方法。

2. 内容较为齐全，适用面宽，通用性强。

3. 以高职高专教育为主线，侧重于培养学生各种能力，使综合素质得到提高。

4. 书中对实训目的、步骤、仪器设备、分析讨论、注意事项等有较详细叙述，以期开拓学生的思路，培养学生独立思维的能力和创新精神。

本教材由深圳职业技术学院白广新老师和郝英明老师编写，其中白广新编写第1篇和第2篇，郝英明编写第3篇，全书由白广新负责统稿工作，徐茜负责全书的主审工作。

深圳职业技术学院自动化系常江、陈伟、易丹等几位老师对本书初稿提出了许多宝贵意见和建议，在此表示衷心的感谢！

由于时间紧迫和编者水平有限，书中难免存在一些问题，衷心希望读者批评指正。

编　者

目　　录

绪论　电工及电气测量技术实训的基本要求

1. 实训课的作用

实训课是高职教育的一个重要的教学环节，是理论联系实际的重要手段。通过实训验证巩固所学的理论知识，通过操作技能训练，培养学生实际工作的能力。对于电工及电气测量技术实训课，应达到以下目的：

1）培养学生实事求是、一丝不苟、严格、严密、严肃的科学态度，养成良好的实训习惯和作风。

2）训练学生基本的实训技能，如正确使用常用的电工仪器、仪表，掌握基本的电工及电气测量技术、试验方法及数据的分析处理等。

3）培养学生通过实训来分析问题和解决问题的能力，以巩固和扩展所学到的理论知识。

2. 实训课的要求

（1）实训课前的准备工作　学生在每次实训课前，必须认真预习。具体要求是：

1）阅读实训指导书，明确实训的目的与要求，并结合实训原理复习相关理论。了解完成实训的方法和步骤。设计好实训数据的记录表格。认真思考并解答预习思考题中的问题。

2）理解并记住指导书中提出的注意事项。对实训中所用仪器设备的作用及使用方法要有初步了解。

（2）实训过程中的主要工作

1）接线前，首先了解各种仪器设备和元器件的额定值、使用方法和电源设备的情况。

2）实训中要用的仪器、仪表、实验板以及开关等，应根据连线清晰、调节顺手和读数观察方便的原则合理布局。

3）接线可按先串联后并联的原则先接无源部分，再接电源部分，两者之间必须经过开关。接线时应将所有电源开关断开，并将可调设备的旋钮、手柄置于最安全位置。接好线后，经仔细检查无误，教师复查后才能接通电源。合电源时，要注意各仪表的偏转是否正常。

4）实训进行中要胆大心细，一丝不苟。认真观察现象，仔细读取数据，随时分析研究实训结果的合理性，如发现异常现象，应及时查找原因。

5）实训完毕，先切断电源，再根据实训要求核对实训数据，然后请教师审核，通过以后再拆线，并将仪器设备排放整齐。

6）注意仪器设备及人身安全。

（3）实训课后的整理工作　整理工作主要是编写实训报告。这是实训的总结，应认真完成。报告内容应包括：

1）实训名称。一般写在封面上，并注明作者及参与此实训的其他人员，提交实训完成的日期。

2）实训目的。用简短文字叙述本次实训的目的，实训目的要具体，不超出实训范围，不泛指。

3）实训仪器设备。将所用仪器仪表材料等进行列写，标注型号、数量等，这样可以为其他人员为了得到相同的实训结果重复这一实训提供条件。

4）实训电路。用电工图板正规地画出电路图。

5）实训内容或步骤。按实际操做的前后顺序，用简练的语言准确完整地描述实训的过程；对特殊的实训方法加以说明。

6）数据的记录。对于应记录的数据要详实记录，认为有错误、不实等情况可以查清实训是否符合要求、接线是否正确、实训中是否存在问题等，改正错误重新再作；对于实训中的现象也同样要做好记录。

7）实训分析。整理测试的实训数据，分析实训结果。看是否与理论中给出的结论相符，实训测试数据与理论计算数据是否相符，如果实训的结果与结论相近，要清楚有多大的误差，误差存在的原因有哪些？如果实训与结论不符，分析是什么原因；根据需要画出曲线图、波形图等以说明得出的结论，曲线图、波形图的作法要符合实训图的正确作法。分析实训中的现象是什么？为何有此种现象？存在的问题如何解决，并进行分析，一方面积累自己的实训经验，另外也为他人提供参考。分析实训中其他存在的问题和原因。

8）实训小结。先围绕实训目的写出实训的结论，不要写与此实训无关的结论，也不要写未经证实的结论。在实训中得出的结论基本相符，但误差超出允许值时，应有说明。写出个人的心得体会和合理化建议。

第 1 篇 电工仪表与电气测量基础知识

第1章　电工及电气测量基本知识

1.1　电工及电气测量的概念

电工及电气测量就是借助于测量设备，把未知的电量或磁量与作为测量单位的同类标准电量或标准磁量进行比较，从而确定未知电量或磁量（包括数值和单位）的过程。

一个完整的测量过程，通常包含如下几个方面。

1. 测量对象

电气测量的对象主要是反映电和磁特征的物理量，如电流（I）、电压（U）、电功率（P）、电能（W）以及磁感应强度（B）等；反映电路特征的物理量，如电阻（R）、电容（C）、电感（L）等；反映电和磁变化规律的非电量，如频率（f）、相位（φ）、功率因数（$\cos\varphi$）等。

2. 测量方式和测量方法

根据测量的目的和被测量的性质，可选择不同的测量方式和不同的测量方法（详见1.2节）。

3. 测量设备

对被测量（未知量）与标准量（已知量）进行比较的测量设备，包括测量仪器和作为测量单位参与测量的度量器。进行电量或磁量测量所需的仪器仪表，统称为电工仪表。电工仪表是根据被测电量或磁量的性质，按照一定原理构成的。电工测量中使用的标准电量或磁量是电量或磁量测量单位的复制体，称为电学度量器。电学度量器是电气测量设备的重要组成部分，它不仅作为标准量参与测量过程，而且是维持电磁学单位统一，保证量值准确传递的器具。电工及电气测量中常用的电学度量器有标准电池、标准电阻、标准电容和标准电感等。

除以上三个主要方面外，测量过程中还必须建立测量设备所必须的工作条件；慎重地进行操作；认真记录测量数据；并考虑测量条件的实际情况，进行数据处理，以确定测量结果和测量误差。

1.2　测量方式和测量方法的分类

1. 测量方式的分类

测量方式主要有如下两种：

（1）直接测量　在测量过程中，能够直接将被测量与同类标准量进行比较，或能够直接用事先刻度好的测量仪器对被测量进行测量，从而直接获得被测量的数值的测量方式称为直接测量。例如，用电压表测量电压、用电能表测量电能以及用直流电桥测量电阻等都是直接测量。直接测量广泛应用于工程测量中。

（2）间接测量　当被测量由于某种原因不能直接测量时，可以通过直接测量与被测量有一定函数关系的物理量，然后按函数关系计算出被测量的数值，这种间接获得测量结果的方式称为间接测量。例如，用伏安法测量电阻，是利用电压表和电流表分别测量出电阻两端的电压和流过该电阻的电流，然后根据欧姆定律计算出被测电阻的大小。间接测量方式广泛应用于科研、实验室及工程测量中。

2. 测量方法的分类

在测量过程中，作为测量单位的度量器可以直接参与，也可以间接参与。根据度量器参与测量过程的方式，可以把测量方法分为直读法和比较法。

（1）直读法　在测量时通过仪表指针的偏转直接读得被测量数值的测量方法，称为直读法，如用电流表、电压表、万用表测量时直接读取数据。

直读法测量时，度量器不直接参与测量过程，而是间接地参与测量过程。例如，用欧姆表测量电阻时，从指针在标度尺指示的刻度可以直接读出被测电阻的数值。这一读数被认为是可信的，因为欧姆表标度尺的刻度事先用标准电阻进行了校验，标准电阻已将它的量值和单位传递给欧姆表，间接地参与了测量过程。

直读法简便、快速，但易造成测量误差。

（2）比较法　将被测量与度量器在比较式仪表内直接比较，从而得到被测量数值的方法，称为比较法。例如，用天平测量物体质量时，作为质量度量器的砝码始终都直接参与了测量过程。用电桥测量电阻也属于比较法。该法准确度高，可以达到 ±0.001%，但操作较麻烦，相应的测量设备也比较昂贵。

根据被测量与度量器进行比较时的不同特点，可以把比较法分为零值法、较差法和替代法三种。

1）零值法。又称平衡法，它是利用被测量对仪器的作用，与标准量对仪器的作用相互抵消，由指零仪表做出判断的方法，即当指零仪表指示为零时，表示两者的作用相等，仪器达到平衡状态。此时按一定的关系可计算出被测量的数值。显然，零值法测量的准确度主要取决于度量器的准确度和指零仪表的灵敏度。

2）较差法。是通过测量被测量与标准量的差值，或正比于该差值的量，根据标准量来确定被测量的数值的方法。较差法可以达到较高的测量准确度。

3）替代法。是分别把被测量和标准量接入同一测量仪器，在标准量替代被测量时，调节标准量，使仪器的工作状态在替代前后保持一致，然后根据标准量来确定被测量的数值。用替代法测量时，由于替代前后仪器的工作状态是一致的，因此仪器本身性能和外界因素对替代前后的影响几乎是相同的，有效地克服了所有外界因素对测量结果的影响。替代法测量的准确度主要取决于度量器的准确度和仪器的灵敏度。

各种方法均有优、缺点，要根据具体条件选择合适的方法进行测量。

1.3　测量单位制

测量单位是确定一个被测量的标准，因此测量单位的确定和统一是非常重要的。我国国务院于 1984 年 2 月 27 日发布了《关于在我国统一实行法定计量单位的命令》，命令规定我国统一实行以国际单位制为基础的法定计量单位。国际单位制是 1960 年第 11 届国际计量大会通过的，其国际代号为 SI。有关电工及电气测量中常用的并具有专门名称的 SI 导出单位见表1-1。

表 1-1　部分具有专门名称的 SI 导出单位

量	SI 导出单位		
	名称	符号	用其他 SI 单位表示的表示式
频率	赫［兹］	Hz	s^{-1}
力，重力	牛［顿］	N	$kg \cdot m/s^2$
能量，功，热量	焦［耳］	J	N · m
功率，辐射通量	瓦［特］	W	J/s
电量，电荷量	库［仑］	C	A · s
电位，电压 电势，电动势	伏［特］	V	W/A
电容	法［拉］	F	C/V
电阻	欧［姆］	Ω	V/A
电感	亨［利］	H	Wb/A
电导	西［门子］	S	A/V
磁通量	韦［伯］	Wb	V · s
磁感应强度，磁通量密度	特［斯拉］	T	Wb/m^2
摄氏温度	摄氏度	℃	

需要说明的是，工程测量中，电能的单位常用“千瓦小时”（kW · h），也称“度”，它不是 SI 单位。由于它很实用，所以在电能的测量中，习惯上仍然常用“千瓦小时”作为电能的测量单位。“千瓦小时”与 SI 单位中能量单位“焦耳”的换算关系是：1kW · h = 3600J。

1.4　测量误差

1.4.1　测量误差的定义和分类

1. 测量误差的定义

在测量过程中，由于受到测量方法、测量设备、试验条件及观测经验等多方面因素的影响，测量结果不可能是被测量的真实数值，而只是它的近似值，即任何测量的结果与被测量的真实值之间总是存在着差别，这种差别称为测量误差。

2. 测量误差的分类

根据产生测量误差的原因，可以将测量误差分为系统误差、偶然误差和疏失误差三大类。

（1）系统误差　能够保持恒定不变或按照一定规律变化的测量误差，称为系统误差。

系统误差主要是由于测量设备、测量方法的不完善和测量条件的不稳定而引起的。由于系统误差表示了测量结果偏离其真实值的程度，即反映了测量结果的准确度，所以在误差理论中，经常用准确度来表示系统误差的大小。系统误差越小，测量结果的准确度就越高。

（2）偶然误差　偶然误差又称随机误差，是一种大小和符号都不确定的误差，即在同一条件下对同一被测量重复测量时，各次测量结果服从某种统计分布；这种误差的处理依据概率统计方法。产生偶然误差的原因很多，如温度、磁场、电源频率等的偶然变化等都可能引起这种误差；另一方面观测者本身感官分辨本领的限制，也是偶然误差的一个来源。偶然误差反映了测量的精密度，偶然误差越小，精密度就越高，反之则精密度越低。

系统误差和偶然误差是两类性质完全不同的误差。系统误差反映在一定条件下误差出现的必然性；而偶然误差则反映在一定条件下误差出现的可能性。

（3）疏失误差　疏失误差是测量过程中操作、读数、记录和计算等方面的错误所引起的误差。显然，凡是含有疏失误差的测量结果是应该废弃的。

3. 测量误差的消除方法

测量误差是不可能绝对消除的，但要尽可能减小误差对测量结果的影响，使其减小到允许的范围内。

消除测量误差，应根据误差的来源和性质，采取相应的措施和方法。一个测量结果中既存在系统误差，又存在偶然误差，一般情况下，在对精密度要求不高的工程测量中，主要考虑对系统误差的消除；而在科研、计量等对测量准确度和精密度要求较高的测量中，必须同时考虑消除上述两种误差。

（1）系统误差的消除方法

1）对测量仪表进行校正。在准确度要求较高的测量结果中，引入校正值进行修正（见2.6节）。

2）消除产生误差的根源。即正确选择测量方法和测量仪器，尽量使测量仪表在规定的使用条件下工作，消除各种外界因素造成的影响。

3）采用特殊的测量方法。如正负误差补偿法、替代法等。例如，用电流表测量电流时，考虑到外磁场对读数的影响，可以把电流表转动180°，进行两次测量。在两次测量中，必然出现一次读数偏大，而另一次读数偏小，取两次读数的平均值作为测量结果，其正负误差抵消，可以有效地消除外磁场对测量的影响。

（2）偶然误差的消除方法　根据统计学原理，在足够多次的重复测量中，正误差和负误差出现的可能性几乎相同，因此偶然误差的平均值几乎为零。所以，要消除偶然误差可采用在同一条件下，对被测量进行足够多次的重复测量，取其平均值作为测量结果的方法。

1.4.2　测量误差的表示形式

测量误差的表示形式有绝对误差和相对误差两种，下面分别加以介绍。

1. 绝对误差

测量值 A_x 与被测量值 A_0 之间的差值，称为绝对误差，用符号 Δ 表示，

$$\Delta = A_x - A_0 \tag{1-1}$$

由于被测量的真值 A_0 是不知道的，所以用标准表测得的真值 A 来替代。这样绝对误差定义为

$$\Delta = A_x - A$$

式中　A——标准表的指示值，称为实际值。

注意：

1）绝对误差是有正、负的。当测量值大于实际值时，绝对误差为正；当测量值小于实际值时，绝对误差为负。

2）绝对误差的单位与被测量的单位相同。

3）绝对误差和误差的绝对值不能混为一谈。

例 1-1 某电路中的电流为10A，用甲电流表测量时的读数为9.8A，用乙电流表测量时其读数为10.4A。试求两次测量的绝对误差。

解 由式（1-1）可得：

甲表测量的绝对误差为 $\Delta I_1 = I_1 - I_0 = 9.8\text{A} - 10\text{A} = -0.2\text{A}$

乙表测量的绝对误差为 $\Delta I_2 = I_2 - I_0 = 10.4\text{A} - 10\text{A} = 0.4\text{A}$

由上例可知，对同一个被测量而言，测量的绝对误差越小，测量就越准确。

2. 相对误差

当被测量不是同一个值时，绝对误差的大小不能反映测量的准确度，这时应该用相对误差的大小来判断测量的准确度。

例 1-2 电压表甲测量实际值为100V的电压时，实测值为101V；电压表乙测量实际值为1000V的电压时，实测值为998V。根据式（1-1）可知，甲表的绝对误差为$\Delta_{甲} = 101\text{V} - 100\text{V} = 1\text{V}$；乙表的绝对误差为$\Delta_{乙} = 998\text{V} - 1000\text{V} = -2\text{V}$，$|\Delta_{甲}| < |\Delta_{乙}|$。如果认为甲表比乙表准确度高，显然是错误的。应用相对误差来进行评定。

测量的绝对误差Δ与实际值A的比值称为相对误差，用符号γ表示。在电工测量中，通常以百分数表示相对误差，即

$$\gamma = \Delta / A \times 100\% \tag{1-2}$$

相对误差数值无单位。

在例1-2中，甲、乙两电表的相对误差分别为$\gamma_{甲} = 1\%$；$\gamma_{乙} = -0.2\%$。

显然，乙表较甲表的准确度高。

相对误差表明了误差对测量结果的相对的影响，给出了测量误差的清晰概念。相对误差可以对不同测量结果的误差进行比较，所以它是误差计算中最常见的一种表示方法。工程上确定测量结果的误差或估计测量结果的准确度，大多采用相对误差。

由于被测量的实际值A和测量值A_x相差不大，所以工程上常用测量值A_x代替进行计算，即相对误差

$$\gamma = \Delta / A_x \times 100\%$$

利用绝对误差和相对误差的概念，可以把一个测量结果完整的表示为

$$测量结果 = A \pm \Delta A$$

或

$$测量结果 = A(1 \pm \gamma)$$

也就是说，测量不仅要确定被测量的大小，还必须确定测量结果的误差，即确定测量结果的可靠程度。

第 2 章　电工仪表基本知识

电工仪表是实现电磁测量过程所需技术工具的总称。电工仪表不仅可以测量电磁量，还可以通过各种变换器来测量非电磁量，如温度、压力、速度等。电工仪表种类繁多，归纳起来，可分成两大类：电工指示仪表和测量仪器。本章重点介绍电工指示仪表。

2.1　电工指示仪表的基本原理及组成

电工指示仪表的基本原理是把被测电量或非电量变换成仪表指针的偏转角。因此它也称为机电式仪表，即用仪表指针（可动部分）的机械运动来反映被测电量的大小。电工指示仪表通常由测量线路和测量机构两部分组成，如图 2-1 所示。

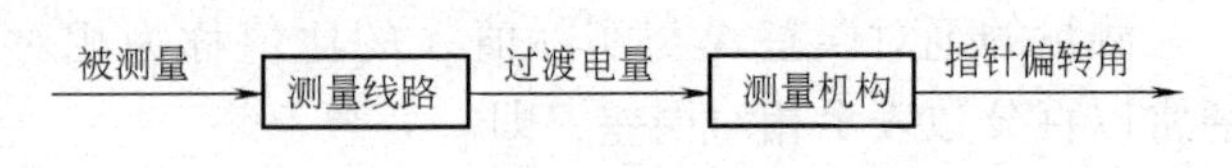

图 2-1　电工指示仪表的组成

测量机构是实现电量转换为指针偏转角，并使两者保持一定关系的机构。它是电工指示仪表的核心部分。测量线路将被测电量或非电量转换为测量机构能直接测量的电量，测量线路的构成必须根据测量机构能够直接测量的电量与被测量的关系来确定。它一般由电阻、电容、电感或其他电子元件构成。

各种测量机构都包含固定部分和可动部分。从基本原理上看，测量机构都有产生转动力矩、反作用力矩和阻尼力矩的部件，这三种力矩共同作用在测量机构的可动部分上，使可动部分发生偏转并稳定在某一位置上保持平衡。因此，尽管电工指示仪表的种类很多，但只要弄清楚产生这三个力矩的原理和它们之间的关系，也就懂得了仪表的基本工作原理。

2.2　电工指示仪表的分类、标志和型号

1. 电工指示仪表的分类

电工指示仪表可以根据其原理、结构、测量对象、使用条件等进行分类。

（1）根据测量机构的工作原理分类　可以把仪表分为电磁系、磁电系、电动系、感应系、静电系和整流系等。

（2）根据测量对象分类　可以分为电流表（包括安培表、毫安表、微安表）、电压表（包括伏特表、毫伏表、微伏表、千伏表）、功率表（又叫瓦特表）、电能表、欧姆表、相位表等。

（3）根据仪表工作电流的性质分类　可以分为直流仪表、交流仪表和交直流两用仪表。

（4）按仪表的使用方式分类　可以分为安装式仪表（或称板式仪表）和可携式仪表等。

（5）按仪表使用条件分类　分为 A、A_1、B、B_1 和 C 五组。有关各组仪表使用条件的规定可查阅国家标准 GB/T 776—1976《电气测量指示仪表通用技术条件》。

（6）按仪表的准确度等级分类　分为 0.1、0.2、0.5、1.0、1.5、2.5 和 5.0 共 7 个准

确度等级。

除以上分类以外，还可以按外壳的防护性能及耐受机械力作用的性能分类，读者可查阅GB/T 776—1976 中的有关规定。

2. 电工指示仪表的标志

电工指示仪表的表盘上有许多表示其基本技术特性的标志符号。根据国家标准的规定，每一个仪表必须有表示测量对象的单位、准确度等级、工作电流的种类、相数、测量机构的类别、使用条件组别、工作位置、绝缘强度试验电压的大小、仪表型号和各种额定值等标志符号。

电工指示仪表表面常见标志符号所表示的基本技术特性，见表 2-1。

表 2-1 常见电工指示仪表和附件的表面标志符号

仪表工作原理的图形符号			
图形符号	意义	图形符号	意义
	磁电系仪表		热电系仪表（带接触式热变换器和磁电系测量机构）
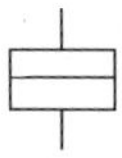	电动系仪表	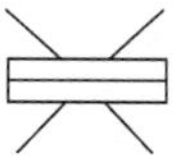	电动系比率表
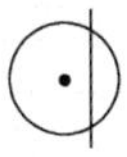	感应系仪表	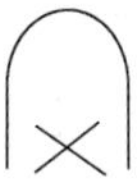	磁电系比率表
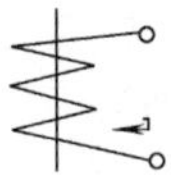	电磁系仪表		静电系仪表
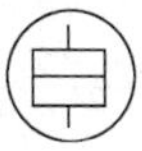	铁磁电动系仪表		铁磁电动系比率表
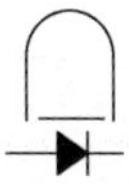	整流系仪表（带半导体整流器和磁电系测量机构）	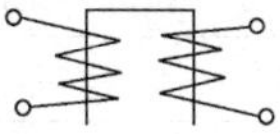	电磁系比率表
工作电流种类的符号			
图形符号	意义	图形符号	意义
—	直流	～	交流（单相）
≃	交、直流两用	≋	具有单元件的三相平衡负载交流

（续）

图形符号	意义	图形符号	意义
准确度等级的符号			
图形符号	意义	图形符号	意义
1.5	以标度尺量限百分数表示的准确度等级，如1.5级	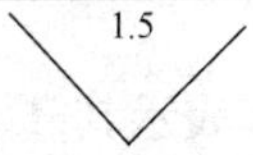 1.5	以标度尺长度百分数表示的准确度等级，如1.5级
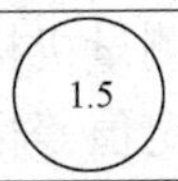 1.5	以指示值的百分数表示的准确度等级，如1.5级		
工作位置的符号			
图形符号	意义	图形符号	意义
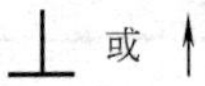 ⊥ 或 ↑	垂直放置	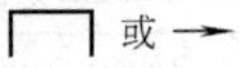 或 →	水平放置
∠60°	标度尺位置与水平面倾斜成60°		
绝缘强度的符号			
图形符号	意义	图形符号	意义
 0	不进行绝缘强度试验	 6	绝缘强度试验电压为6kV
端钮符号			
图形符号	意义	图形符号	意义
+	正端钮	—	负端钮
	公共端钮（多量限仪表和复用仪表）		接地用的端钮（螺钉或螺杆）
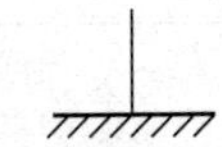	与外壳相连接的端钮		与屏蔽相连的端钮
	调零器		
按外界条件分组的符号			
图形符号	意义	图形符号	意义
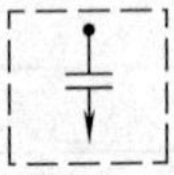	Ⅰ级防外电场（如静电系）		Ⅰ级防外磁场（例如磁电系）
Ⅱ	Ⅱ级防外电场	 Ⅱ	Ⅱ级防外磁场
Ⅲ	Ⅲ级防外电场	 Ⅲ	Ⅲ级防外磁场
Ⅳ	Ⅳ级防外电场	Ⅳ	Ⅳ级防外磁场

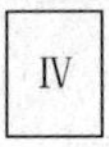

3. 电工指示仪表的型号

仪表的产品型号可以反映出仪表的用途和工作原理。产品型号是按规定的标准编制的。对安装式和可携式指示仪表的型号，规定了不同的编制规则。

(1) 安装式仪表型号的组成　安装式仪表的型号组成如图 2-2 所示。其中形状第一位代号按仪表面板形状最大尺寸编制；形状第二位代号按外壳形状尺寸特征编制；系列代号按测量机构的系列编制，如磁电系代号为“C”，电磁系代号为“T”，电动系代号为“D”，感应系代号为“G”，整流系代号为“L”等。例如，44C2—A 型电流表，型号中“44”为形状代号，可以从有关标准中查出其外形和尺寸；“C”表示该表是磁电系仪表；“2”是设计序号；“A”表示该表用于测量电流。

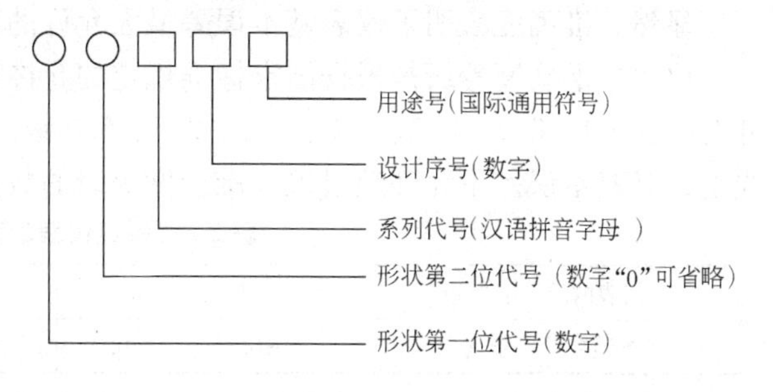

图 2-2　安装式仪表型号的编制规则

(2) 可携式仪表型号的组成　由于可携式仪表不存在安装的问题，所以将安装式仪表型号中的形状代号省略即是它的产品型号。例如，T62—V 型电压表，“T”表示是电磁系仪表，“62”是设计序号，“V”表示是电压表（伏特表）。

2.3　电工指示仪表的误差和准确度

1. 仪表误差

电工指示仪表的误差可分为两类：基本误差和附加误差。

(1) 基本误差　基本误差是指仪表在规定的使用条件下测量时，由于仪表本身结构上和制作上不完善所形成的固有的误差。例如，标尺刻度不均匀、轴尖和轴承之间发生的摩擦等原因，均会造成这类误差。

(2) 附加误差　在使用仪表测量的过程中，由于非正常条件形成的误差，称为附加误差。例如，环境温度、周围电磁场、频率、电波的影响以及仪表安放位置不符合要求等，均会引起此类误差。

2. 仪表的准确度等级

仪表的基本误差通常用准确度来表示，准确度越高，仪表的基本误差就越小。

对于同一只仪表，测量不同大小的被测量，其绝对误差 ΔA 变化不大，但相对误差 $\Delta A/A$ 却有很大变化，被测量 A 越小，相对误差就越大，显然，通常的相对误差概念不能反映出仪表的准确性能。所以，一般用引用误差来表示仪表的准确性能。

(1) 引用误差　仪表测量的绝对误差 ΔA 与该仪表满刻度值 A_m 之比的百分数，称为引用误差或满度相对误差，记为 γ_n，即

$$\gamma_n = \Delta A/A_m \times 100\% \qquad (2\text{-}1)$$

(2) 仪表的准确度　仪表的准确度就是仪表的最大引用误差。

仪表各刻度处的绝对误差不一定相等，其值有大、有小，符号有正、有负，其中最大绝对误差 ΔA_{max} 与仪表的满刻度值 A_m 之比的百分数，称为最大引用误差，即仪表的准确度，用

K 表示，并有

$$\pm K\% = \frac{\Delta A_{max}}{A_m} \times 100\% \qquad (2\text{-}2)$$

显然，准确度表明了仪表基本误差最大允许的范围。

仪表的准确度等级是根据国家标准规定的允许误差大小来划分的。根据国家标准规定共分七级：0.1、0.2、0.5、1.0、1.5、2.5、5.0 级。既在各级仪表标尺工作部分的所有分度线上，其基本误差不允许超过仪表准确度等级的数值，见表 2-2。

表 2-2　各级仪表的基本误差

仪表的准确度等级	0.1	0.2	0.5	1.0	1.5	2.5	5.0
基本误差不大于（%）	±0.1	±0.2	±0.5	±1.0	±1.5	±2.5	±5.0

K 值表示仪表在规定工作条件下所允许具有的最大误差。准确度等级为 0.5 的仪表，在规定的条件下，其最大引用误差不允许超过 ±0.5%。

仪表的准确度等级的数值越小，允许的最大引用误差就越小，表示仪表的准确度越高。通常，0.1、0.2 级仪表用作标准表，0.5、1.0、1.5 级仪表用于实训室，1.5、2.5、5.0 级仪表用于配电盘等。

例 2-1　校验一只量限为 150V 的电压表，发现 50V 处的误差最大，其值 $\Delta_m = -1V$，求该表的准确度等级。

解
$$|\Delta_m| / A_m \times 100\% = 1/150 \times 100\% = 0.67\%$$

因此准确度等级 K 为 1.0 级。

例 2-2　用 1.5 级、量限为 15A 的电流表测量某电流时，其读数为 10A，试求测量可能出现的最大相对误差为多少？

解　由式（2-2）可得，该表的最大绝对误差为

$$\Delta I_m = \pm K\% I_m = \pm 1.5\% \times 15A = \pm 0.225A$$

由式（1-2）可得，该表测量的最大相对误差为

$$\gamma_{max} = \frac{\Delta I_m}{I} \times 100\% = \frac{\pm 0.225}{10} \times 100\% = \pm 2.25\%$$

由此可知，测量结果的准确度（最大相对误差）和仪表的准确度是不同的两个概念，**不能把仪表的准确度与测量的准确度看成是一回事。**

例 2-3　在上例中，若改用 0.5 级、100A 的电流表，如果其读数仍然为 10A，则此时的最大相对误差又为多少？

解　该表的最大绝对误差为

$$\Delta I_m = \pm K\% I_m = \pm 0.5\% \times 100A = \pm 0.5A$$

测得 10A 时，其最大相对误差为

$$\gamma_{max} = \frac{\Delta I_m}{I} \times 100\% = \frac{\pm 0.5}{10} \times 100\% = \pm 5\%$$

由此可见，仪表的准确度虽然提高了，但测量结果的误差反而增大了。这是因为仪表准确度一定时，量限越大的仪表其最大绝对误差越大。所以，**不能只片面追求仪表的准确度等级**，还应根据对测量的要求，**合理选择仪表量程，测量时使被测量尽量大于量限的 1/2 或 2/3 以上，才能使仪表的准确度得以充分发挥，才能得到比较满意的测量的准确度。**

2.4 对电工指示仪表的主要技术要求

电工指示仪表的技术性能的好坏，对测量结果的准确性、可靠性有很大影响。国家标准 GB/T 776—1976《电测量指示仪表通用技术条件》对电工指示仪表的技术性能作了具体的规定，主要有以下几个方面。

1. 足够的准确度

主要是要求仪表的基本误差不超出表 2-2 中规定的范围；当仪表不在规定使用条件下工作时，各影响量（如温度、湿度、外磁场等）变化所产生的附加误差，应符合国家标准 GB/T 776—1976 中的有关规定。另外，指示仪表的升降变差（被测量平稳上升和下降时，对应在标度尺上同一刻度线上的两次读数之差），一般不应超过仪表基本误差的绝对值。

2. 合适的灵敏度

电工指示仪表的灵敏度是指仪表对被测量的反应能力。如果被测量变化 ΔA 时，指针偏转角将产生一个变化量 $\Delta\alpha$，则灵敏度

$$S=\frac{\Delta\alpha}{\Delta A} \tag{2-3}$$

仪表的灵敏度越高，量限就越小；灵敏度越低，则仪表的准确度就越低。

3. 仪表本身消耗的功率小

进行测量时，仪表本身将消耗一定的功率，对被测电路将产生一定影响。仪表消耗的功率越小，对被测电路的影响就越小，测量就越准确。

4. 良好的读数装置

仪表标度尺的刻度应尽可能均匀。刻度不均匀的仪表，其灵敏度不是常数。刻度线较密的部分，灵敏度较低，读数误差较大；而刻度线较疏的部分，灵敏度较高，读数误差较小。对刻度线不均匀的仪表，应在标度尺上标明其工作部分，一般规定工作部分的长度不应小于标度尺全长的 85%。

除以上主要要求外，还要求仪表具有良好的阻尼、足够的过载能力、耐压能力、绝缘电阻以及使用方便、结构牢固等技术性能。

2.5 电工指示仪表的型式

直读式仪表主要工作原理是利用仪表中通入电流后产生的电磁作用，使可动部分受到转矩而发生转动。转动转矩与通入的电流之间存在一定的关系：

$$T=f(I)$$

为了使仪表可动部分的偏转角 α 与被测量成一定比例，还必须有一个与偏转角成比例的阻转矩 T_C 与转动转矩 T 相平衡，即

$$T=T_C$$

这样才能使仪表的可动部分平衡在一定的位置，从而反映出被测量的大小。

此外，仪表的可动部分由于惯性的关系，当仪表开始通电或被测量发生变化时，不能马上达到平衡，而要在平衡位置附近经过一定时间的振荡才能静止下来。为了使仪表的可动部

分迅速静止在平衡位置，以缩短测量时间，还需要有一个能产生制动力（阻尼力）的装置，这就是阻尼器。阻尼器只在指针转动过程中才起作用。

综上所述，通常的直读式仪表主要由三部分组成：产生转动转矩的部分、产生阻转矩的部分和阻尼器。

根据直读式仪表的工作原理，可将其分为磁电式、电磁式和电动式等几种类型。下面分别介绍各类型仪表的基本结构、工作原理和各自的优缺点。

2.5.1 磁电式仪表

1. 磁电式仪表的结构

磁电式仪表表头结构如图 2-3 所示，由固定部分和可动部分组成。固定部分包括马蹄形永久磁铁、极掌 NS 和圆柱形铁心等；可动部分包括铝框及线圈、指针等，它们均固定在可以转动的轴上。线圈两端分别与上下两个游丝相连。游丝用来产生反作用力矩，同时又把电流引入可动线圈。

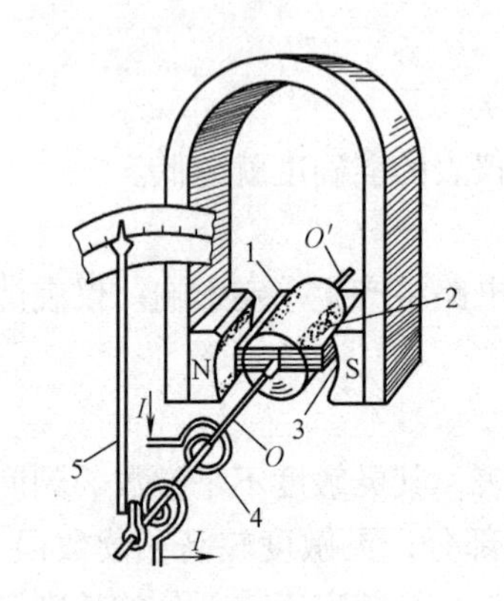

图 2-3 磁电式仪表

1—线圈 2—圆柱形铁心 3—永久磁铁 4—螺旋弹簧 5—指针

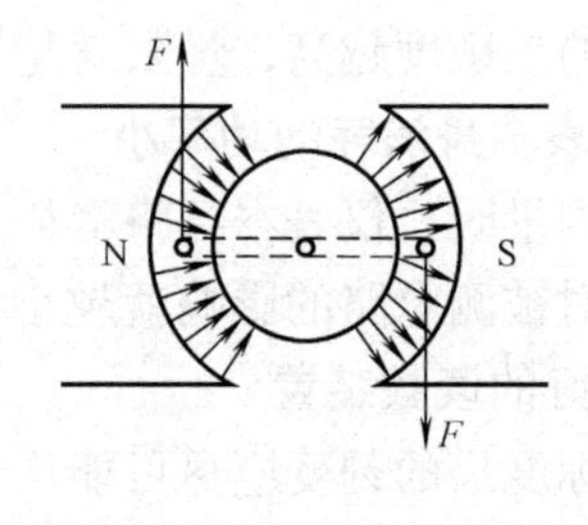

图 2-4 磁电式仪表的转矩

2. 磁电式仪表的工作原理

当线圈通有电流 I 时，由于与空气隙中磁场的相互作用，线圈的两个有效边受到大小相等、方向相反的力，如图 2-4 所示，其方向由左手定则确定，其大小为

$$F = BlNI$$

式中 B——空气隙中的磁感应强度；

l——线圈的磁场内的有效长度；

N——线圈的匝数。

如果线圈的宽度为 b，则线圈所受的转矩为

$$T = Fb = BlbNI = k_1 I \tag{2-4}$$

式中 k_1——比例常数，$k_1 = BlbN$。

在这个转矩的作用下，线圈和指针开始转动，同时螺旋弹簧被扭紧而产生阻转矩。弹簧的阻转矩与指针的偏转角 α 成正比，即

$$T_C = k_2\alpha \tag{2-5}$$

当转动转矩与弹簧的阻转矩达到平衡时，可动部分便停止转动。这时 $T = T_C$，即

$$\alpha = \frac{k_1}{k_2}I = kI \tag{2-6}$$

由上式可知，指针偏转角与流过线圈的电流成正比，据此可在标度尺上作均匀刻度。当线圈中无电流时，指针应指在零位，如果不在零位，应进行校正使其指零。

磁电式仪表的阻尼作用是这样产生的：当线圈通有电流而发生偏转时，铝框切割永久磁铁的磁通，在铝框内感应出电流，感应电流再与永久磁铁的磁场作用，产生与转动方向相反的制动力，于是仪表的可动部分就受到阻尼作用，迅速静止在平衡位置。

3. 磁电式仪表的主要优缺点

（1）优点

1）准确度高。可以达到0.5～0.1级。因永久磁铁的磁场很强，气隙又小，磁路近于闭合，可动线圈转动力矩大，因此由摩擦、温度及外磁场的影响引起的误差相对较小。

2）灵敏度高。测量机构的内部磁场强，使很小的电流产生足够大的力矩，因此磁电式测量机构灵敏度较高，可做成低量限的仪表，如微安表、指零表和检流表。

3）功耗小。为了使可动线圈轻巧灵敏，动圈的线径小，允许流过的电流小，仪表本身消耗的功率也小。

4）刻度均匀。测量机构指针偏转角与被测电流的大小成正比，因此仪表刻度是均匀的。

（2）缺点

1）过载能力小。因为被测电流要通过游丝和可动线圈，而游丝和可动线圈的导线都很细，若电流过载，容易导致游丝过热而产生弹性系数变化或线圈损坏。

2）只能测直流。磁电式测量机构若通入交流电流，由于磁场是固定的，故转动力矩是交变的，无法指示交流电的大小。

4. 常用磁电式仪表

1）磁电式电流表。

2）磁电式电压表。

3）磁电式欧姆表。

2.5.2 电磁式仪表

目前工程上测量交流电流和电压常用电磁式仪表，它的测量机构主要有排斥式和吸引式两种。这里只介绍排斥式仪表。

1. 电磁式仪表的结构

排斥式电磁式仪表的结构如图2-5所示，它主要由固定的圆形线圈、线圈内部的固定铁片和固定在转轴上的可动铁片组成。

2. 电磁式仪表的工作原理

当线圈中通有电流时，将产生磁场，两铁片均被磁化，同一端的极性相同，因而互相排斥，可动铁片因受排斥力而带动指针偏转。在线圈通有交流电流的情况下，由于两铁片的极性同时改变，所以仍然产生排斥力。

可以近似地认为，作用在铁片上的吸力或仪表的转动转矩是和通入线圈的电流的平方成正比的。在通入直流电流 I 的情况下，仪表的转动转矩为

$$T = k_1 I^2 \tag{2-7}$$

在通入交流电流 i 时，仪表可动部分的偏转决定于平均转矩，它和交流电流有效值 I 的平方成正比，即

$$T = k_1 I^2 \tag{2-8}$$

产生阻转矩的也是联在转轴上的螺旋弹簧，同式（2-5）一样，$T_C = k_2\alpha$，当 $T = T_C$ 即阻转矩与转动转矩平衡时，可动部分停止转动，所以

$$\alpha = \frac{k_1}{k_2} I^2 = kI^2 \tag{2-9}$$

由上式可知，指针的偏转角与直流电流或交流电流有效值的平方成正比，所以刻度是不均匀的。

电磁式仪表中产生阻尼力的是空气阻尼器，其阻尼作用是由与转轴相联的活塞在小室中移动而产生的。

3. 电磁式仪表的主要优缺点

（1）优点

1）电磁式测量机构属交、直流两用测量机构，测量交流量时，指示器指示的是交流量的有效值（正弦或非正弦）。

2）电流不经过游丝而是进入固定线圈，而固定线圈导线较粗，所以可测量较大电流，过载能力强。

3）结构简单，成本较低。

（2）缺点

1）测量机构内部磁场较弱（磁路除铁片外均是空气），受外磁场影响较大，需采用磁屏蔽。

2）由于铁片的磁滞和涡流现象，使直流测量时磁滞误差大，交流测量时受频率影响大，仪表的准确度较低。但用优质导磁材料构成的仪表仍可做成具有一定精确度的交直流两用表。

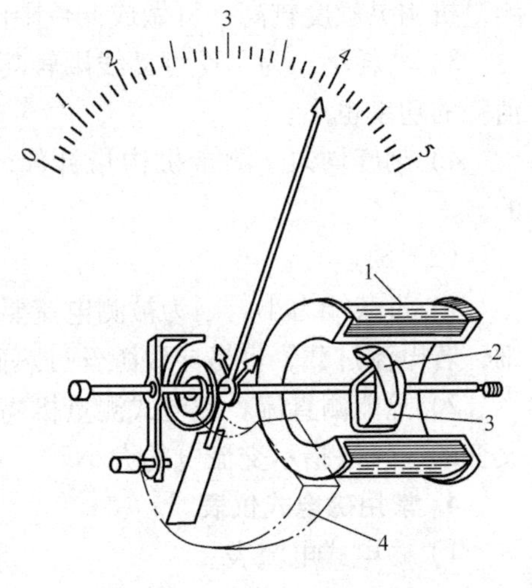

图 2-5　排斥式电磁式仪表
1—圆形线圈　2—固定铁片
3—可动铁片　4—小室

3）测量机构指针偏转角与被测电流平方成正比，故标尺刻度不均匀。

4. 常用电磁式仪表

1）电磁式电流表。

2）电磁式电压表。

2.5.3　电动式仪表

1. 电动式仪表的结构

电动式仪表的结构如图 2-6 所示。它有两个线圈：固定线圈和可动线圈。后者与指针及空气阻尼器的活塞都固定在转轴上。和磁电式仪表一样，可动线圈中的电流也是通过螺旋弹簧引入的。

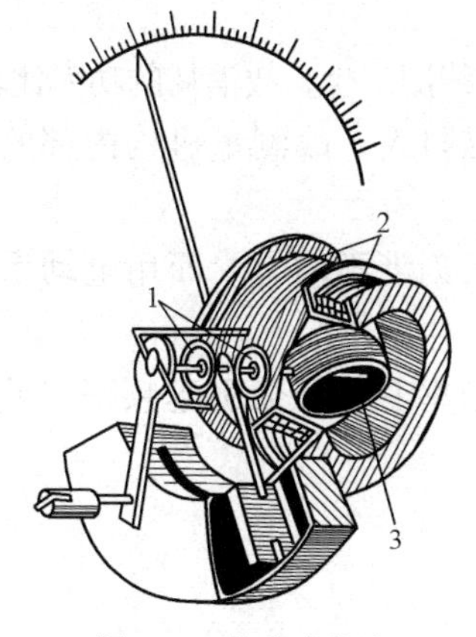

图 2-6　电动式仪表

1—螺旋弹簧　2—固定线圈　3—可动线圈

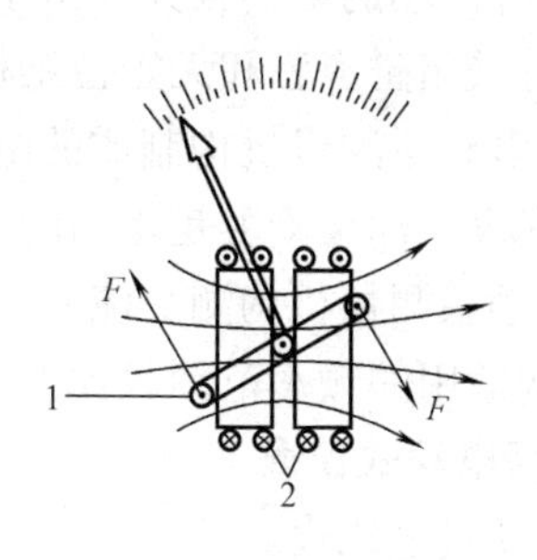

图 2-7　电动式仪表的转矩

1—可动线圈　2—固定线圈

2. 电动式仪表的工作原理

当固定线圈通有电流 I_1 时，在其内部产生磁感应强度为 B_1 的磁场，可动线圈中的电流 I_2 与此磁场相互作用，产生大小相等、方向相反的两个力，如图 2-7 所示，其大小与磁感应强度 B_1 和电流 I_2 的乘积成正比。而 B_1 可以认为是与电流 I_1 成正比的，因此作用在可动线圈上的力或仪表的转动转矩与两线圈中的电流 I_1 和 I_2 的乘积成正比，即

$$T = k_1 I_1 I_2 \tag{2-10}$$

在这一转矩的作用下，可动线圈和指针便发生偏转。

当任何一个线圈中的电流方向发生改变时，转矩方向将发生改变，指针偏转的方向就随着改变。当两个线圈中的电流方向同时改变时，偏转的方向不变。因此，电动式仪表可以用于交流电路。当线圈中通入的交流电流分别为 $i_1 = I_{1m}\sin\omega t$ 和 $i_2 = I_{2m}\sin(\omega t + \varphi)$ 时，转动转矩的瞬时值即与两个电流的瞬时值的乘积成正比。但仪表的可动部分的偏转是由平均转矩决定的，即

$$T = k_1 I_1 I_2 \cos\varphi \tag{2-11}$$

式中　I_1、I_2——交流电流 i_1 和 i_2 的有效值；

φ——i_1 和 i_2 之间的相位差。

当螺旋弹簧产生的阻转矩 $T_C = k_2\alpha$ 与转动转矩平衡时，可动部分便停止转动，此时 $T = T_C$，即

$$\alpha = kI_1I_2(\text{直流时}) \tag{2-12}$$

或

$$\alpha = kI_1I_2\cos\varphi(\text{交流时}) \tag{2-13}$$

3. 电动式仪表的主要优缺点

（1）优点

1）准确度高。电动系测量机构不含铁磁性物质，没有磁滞等误差，可做成等级较高的交流电流表、电压表，准确度可达 0. 1 级。

2）可以交直流两用。

（2）缺点

1）过载能力差。可动线圈的导线一般很细，它和游丝容易在强电流时烧坏或永久性变

形，比较脆弱。

2）消耗功率大。因为工作磁场要由电流足够大的固定线圈产生，故消耗的功率比较大。

3）受外磁场的影响较大。由于磁路不闭合，空气磁阻大，故测量机构内部的工作磁场较弱。但可采用磁屏蔽和无定位结构克服外磁场的影响。

4）用电动系测量机构制成的电流表和电压表，标尺刻度不均匀。而用电动系测量机构制成的功率表，标尺刻度是均匀的。

5）电动系测量机构测交流时，由于线圈的感抗随频率变化，会引起频率误差，故电动系测量机构适用的频率范围只比电磁系稍宽。

4. 常用电动式仪表

1）电动式电压表。

2）电动式电流表。

3）电动式功率表。

2.6 电工仪表的选择与校验

2.6.1 电工仪表的选择

表2-3列出了各种电工仪表的技术特性。

表2-3 各种电工指示仪表的性能比较

性能＼型式		磁电系	整流系	电磁系	电动系	铁磁电动系	静电系	感应系
测量基本量（不加说明时，即是电流或电压）		直流或交流的恒定分量	交流平均值（在正弦交流下刻度一般按有效值刻度）	交流有效值或直流	交流有效值或直流，交、直流功率及相位、频率等	交流有效值或直流，交、直流功率及相位、频率等	直流或交流电压	交流电能及功率
使用频率范围		一般用于直流	45～1000Hz（有的可达5000Hz）	一般用于50Hz	一般用于50Hz	一般用于50Hz	可用于高频	一般用于50Hz
准确度（等级）		一般为0.5～2.5级，高可达0.1～0.05级	0.5～2.5级	0.2～2.5级	一般为0.5～1.0级，高可达0.1～0.05级	1.5～2.5级	1.0～2.5级	0.5～3.0级
量限（大致范围）	电流	几微安到几十安	几十微安到几十安	几毫安到100A左右	几十毫安到几十安			几十毫安到几十安
	电压	几毫伏到1kV	1V到数千伏	10V到1kV左右	10V到几百伏		几十伏到500kV	几十伏到几百伏
功率损耗		小	小	大	大	大	极小	大
			测量非正弦交流有效值的误差很大	可测非正弦交流有效值	可测非正弦交流有效值	可测非正弦交流有效值	可测非正弦交流有效值	可测非正弦交流有效值

（续）

性能＼型式	磁电系	整流系	电磁系	电动系	铁磁电动系	静电系	感应系
防御外磁场能力	强	强	弱	弱	强	—	强
标尺分度特性	均匀	接近均匀	不均匀	不均匀（但功率刻度均匀）	不均匀	不均匀	
过载能力	小	小	大	小	小	大	大
转矩（指通过表头电流相同时）	大	大	小	小	较大	小	最大
价格（对同一准确度等级的仪表的大致比较）	贵	贵	便宜	最贵	较便宜	贵	便宜
主要应用范围	作直流电表	作万用电表	作板式及一般实验室电表	作板式交直流标准表及一般实验室电表	板式电表	作高压电压表	作电能表

在选择仪表时，应注意以下几个方面。

1. 选择电工仪表的指导思想

为了完成某一测量任务，总是在明确测量要求的前提下，考虑到具体情况，合理选择测量方法、测量线路和测量仪表。

合理选择测量仪表，通常是指根据测量要求确定仪表的类型、准确度等级、量限以及仪表的内阻等。这里应充分考虑所选仪表的性能价格比，也就是说要选择那些性能上能满足测量要求，价格又比较便宜的仪表来完成测量任务。

2. 根据被测量性质选择仪表的类型

根据被测量是直流还是交流来确定选用直流仪表或交流仪表。

测量交流量时，应区分是正弦波还是非正弦波。另外，还要考虑被测量的频率。

3. 根据工程实际要求选择仪表准确度等级

虽然仪表的准确度等级越高，其测量结果就越可靠，但其价格也就越贵，维修也就越难。此外，准确度等级越高的仪表，其使用要求也比较高，测量时操作过程相对也比较复杂，这都会使测量费用增大。所以，选择仪表的准确度等级时，一定要根据工程实际要求合理选择，切不可盲目追求高等级仪表。

通常准确度等级为0.1～0.2级的仪表用作标准表或作精密测量用；0.5～1.5级的仪表用于实验室一般测量；1.0～5.0级的仪表用于一般工业生产。

4. 根据被测量大小选择相应量限的仪表

合理选择仪表的量限，可以得到准确度相对较高的测量结果。

选择仪表量限，应使被测量的值在仪表上量限的1/2～2/3以上，同时被测量的值应不超过仪表的上量限。对后一点要特别注意，否则测量时有可能损坏仪表。

5. 根据测量线路及测量对象的阻抗大小选择仪表的内阻

利用电工仪表进行测量时，仪表是通过测量线路接入被测对象所在的电路中。由于仪表本身要消耗一定的功率，因此仪表的接入，将改变被测对象的工作状态。如这一变化太大，将使测量误差超出所允许的范围。仪表在测量时所消耗的功率与仪表的内阻和测量线路有密切关系。

例如，电流表测量电流时，由于它与被测电路是串联的，因此要求它的内阻越小越好。又如，对于电压表来说，由于测量时与被测电路并联，因此要求它的内阻越大越好。

而一般工程测量中，在对测量结果准确度（允许相对误差）要求不太高的情况下，对于电流表来说，当电流表内阻 $R_A \leqslant \frac{1}{100}R$（$R$ 为被测电路电阻），就可以认为内阻对测量的影响在允许的范围内；对于电压表来说，当电压表的内阻 $R_v \geqslant 100R$ 时，就可以认为内阻对测量结果的影响在允许的范围内。

6. 根据仪表使用场所及工作条件选择仪表

选择仪表时，应充分考虑其使用场所。如仪表是固定在开关板上或仪器设备上时，应选择安装式仪表；而当仪表是用于实验室或用于设备维修等场所时，则应选择可携式仪表。

还应充分考虑其使用条件，应根据仪表工作环境中外磁场影响的程度、空气的温度和湿度以及测量过程中有无过载情况等因素选择仪表使用条件的分类组别。

总之，在选择仪表的过程中，应当从测量的实际出发，抓住主要矛盾，充分考虑其他因素，才能达到合理使用仪表和准确测量的目的。

2.6.2 电工仪表的校验

电工仪表在使用一段时间后，由于机械磨损、材料老化等方面因素的影响，其技术特性将发生变化。如果这种变化太大，将影响测量的准确度。因此，国家规定对使用中的或修理后的电工仪表，都必须进行校验。所谓校验，就是对仪表进行质量检查，看它是否达到规定的技术性能，特别是准确度是否达到标定值。

1. 校验的基本方法

对电工仪表进行校验，主要是测定被校验仪表在规定的条件下工作时，其准确度是否达到规定值。例如，测定被校验仪表防御外磁场的性能，就是让被校验仪表在试验磁场中工作时，测量其准确度是否达到规定值。

2. 校验期限

根据国家规定：0.1、0.2 和 0.5 级标准表每年至少进行一次校验，其余仪表的校验周期见表 2-4。

表 2-4 电工仪表的校验期限

仪表种类	安装场所及使用条件	校验周期
配电盘指示仪表和记录仪表	主要设备和主要线路的配电盘仪表	每年一次
	其他配电盘仪表	每两年一次
试验用指示仪表和记录仪表	标准仪表	每年一次
	常用的携带式仪表	每年两次
	其他携带式仪表	每年一次

（续）

仪表种类	安装场所及使用条件	校验周期
电能表	标准电能表（迴转表）	每年两次
	发电机和主要线路（大用户）的电能表	每年两次
	容量在5kW以上的电能表	每两年一次
	容量在5kW下的电能表	每五年一次

3. 校验项目和方法

电工仪表的校验项目、校验方法应按照国家计量检定规程JJG124—1993《电流表、电压表、功率表及电阻表检定规程》的规定确定，这里不作介绍。

4. 校验的一般步骤

（1）校验前的检查　首先是外观检查，看是否有零件脱落或损坏之处，并轻轻摇晃被校表，看指针是否回到零位，如发现非正常现象，应予以消除。然后将仪表通电，使其指针在标尺上缓慢上升或下降，观察是否有卡针现象，如有，应经过修理后才能进行校验。

（2）确定校验方法　根据仪表的类别及准确度确定校验方法，见表2-5。

表2-5　检定方法的选择

受检项目	仪表类别	检定方法
直流下的基本误差及升降变差	0.1～0.5级直流及交直流标准表	直流补偿法、数字电压法
额定及扩大频率范围下的基本误差及升降变差	0.1～0.5级交直流两用及交流标准表	交、直流比较法
直流及交流下的基本误差及升降变差	0.2级工作仪表及0.5～5.0级仪表	直接比较法

一般最常用的是将被校表与标准表直接比较的方法，称为直接比较法。采用直接比较法时，标准表及与标准表配套使用的分流器、互感器的级别应符合表2-6中的规定，标准表的量限不应超过被校表上量限的25%。

表2-6　标准表、互感器、分流器与被校表之间的级别关系

被校表的准确度级别	标准表的准确度级别		与标准表一起使用的互感器级别	与标准表一起使用的分流器级别
	不考虑更正	考虑更正		
0.2	—	0.1	0.05	0.05
0.5	0.1	0.2	0.1	0.1
1.0	0.2	0.5	0.2	0.2
1.5	0.5	0.5	0.2	0.2
2.5	0.5	—	0.2	0.2
5.0	0.5	—	0.2	0.5

（3）确定校验电路　根据所确定的校验方法和被校表的实际情况，选择校验电路。

（4）校验时的工作条件　校验前仪表和附件的温度应与周围空气的温度相同；有调零器的仪表应在预热前先将指示器调到零位，在校验过程中不允许重新调零。所有影响仪表示值的量应在该表技术说明书规定的范围内。

5. 校验时测量次数的规定

1）检定被校表基本误差时，应在标度尺工作部分的每一个带有数字的分度线上进行如下次数的测量：

① 0.1和0.2级标准表应进行4次，即上升下降各1次，然后改变通过仪表的电流方向，重复上述测量。

② 磁电系和0.5级以下的其他系列仪表仅需在一个电流方向上校验2次。

2）对于50Hz的交直流两用仪表，一般仅在直流下校验；对于有额定频率的交流仪表，应在额定频率下校验；对于有额定频率及扩展频率的交直流两用仪表（或交流仪表），一般对一个量限在直流下（或工频50Hz）全校，而对上限频率和下限频率只校三个数字分度线；当交直流两用仪表在直流下与交流下的准确度级别不同时，应分别在直流和交流下校验。

3）确定多量限仪表误差时，可采用如下方法：

① 共用一个标度尺的多量限电压表、电流表及功率表，可只对其中某一个量限进行全校，而其余量限只校四个数字分度线（即起始有效数字分度线、上限数字分度线、全部校验量限中正负最大误差数字分度线）。

② 可以采用测量附加电阻的方法对电压表的高电压档进行校验。

6. 测量数据的计算、化整和仪表准确度的确定

1）测量数据的记录和计算，应按有效数字的规则进行。

2）计算被测仪表的准确度，应取标准表4次（或2次）测量结果的算术平均值作为被测量的实际值。

对于0.1和0.2级仪表，对上限的实际值化整后应有5位有效数字；对0.2级及0.5级仪表，应有4位有效数字。

3）取各次测量的实际值与被测仪表示值之间的最大差值（绝对值）作为被校仪表的最大基本误差。

在电流方向不变时，取被校表某一量限各分度线上2次测量结果中，差值最大的一个作为仪表的变差。

4）确定被校表准确度等级时，取记录数据中差值最大的作为最大绝对误差Δ_m，然后根据被测仪表的量限A_m，按式（2-2）计算出最大引用误差γ_m。然后按表2-2，取比γ_m稍大的邻近一级的K值，作为被校表的准确度等级。

5）根据测量数据，可以得出更正值和更正曲线。

第3章　测量误差的估计及测量数据的处理

3.1　误差的粗略估计及测量准确度的评定

测量不仅要确定被测量的数值，还必须评定测量结果的准确程度，即确定测量结果的误差。在大多数工程测量中，通常只要求测量结果的误差不超过给定的范围，而不要求确定实际误差的大小。所以，通过选择合适的测量方法和仪表，并使仪表在规定的使用条件下工作，可以只进行一次测量。在这种情况下，可以根据仪表的准确度来确定测量结果中可能出现的最大误差。

1. 仪表的基本误差对测量结果的影响

若仪表的准确度等级 K 和上量限 A_m 为已知，则测量时可能出现的最大绝对误差

$$\Delta m = \pm K\% A_m$$

该式确定了最大绝对误差范围，但最大绝对误差在哪一刻出现并不知道。如果测量值为 A_X，可以认为 Δm 就出现在 A_X 处，则可能出现的最大相对误差为

$$\gamma = \frac{\Delta m}{A_X} \times 100\% = \frac{\pm K\% A_m}{A_X} \times 100\%$$

例 2-2 和例 2-3 即是采用这种方法计算出来的。

2. 当仪表不能在规定的使用条件下测量时，将有附加误差产生。

附加误差的大小应根据国家标准的规定来计算。此时测量结果的最大相对误差应该是仪表基本误差产生的相对误差与附加误差之和。当有多种附加误差产生时，总的附加误差是各项附加误差的总和。

例 3-1　用一只量限为 30A，准确度为 1.5 级的电流表，在环境温度为 300℃下测量电流，指示值为 10A。试估计测量结果的误差。

解　测量 10A 时可能出现的以相对误差表示的最大基本误差为

$$\gamma = \frac{\Delta m}{A_X} \times 100\% = \frac{\pm 1.5\% \times 30}{10} \times 100\% = \pm 4.5\%$$

根据国家标准 GB/T 776—1976，环境温度超出额定值后，每改变 100℃，附加误差为 ±1.5%，所以测量结果的最大相对误差为

$$\gamma_m = \pm (4.5 + 1.5)\% = \pm 6.0\%$$

对不同对象，其测量原理和方法要进行分析研究，分析那些参数及方法是否适合该对象的测量，并估算出误差，然后计入测量误差中，或改变测量方法。

3.2　测量数据的处理

在测量过程中，读数、记录和运算等对数据的处理，都应该按照国家标准《数值修约规则》进行。

1. 有效数字

有效数字是那些能够正确反映测量准确度的数字，是指从一个数据的左起第一个非零数字开始，直到最右边的正确数字。有效数字的最末一位是近似数字，它可以是测量中估计读出的，也可以是按规定修约后的近似数字，而有效数字的其他数字都是准确数字。

所有的测量数据都必须用有效数字表示。此时要注意以下两点：

1）读数记录时，每一个数据只能有一位数字（最末一位）是估计读数，而其他数字都必须是准确读出的。

2）数字“0”在数据中可以是有效数字，也可以不是，这主要根据它是否表示准确程度来判断。一般地讲，数据左起第一位非零数字左边的“0”不是有效数字，而右边的“0”都是有效数字。这是因为第一位非零数字左边的“0”可以通过单位变换去掉，它不表示数据的准确度，只反映所使用单位的大小；而第一位非零数字右边的“0”，特别是最末一位“0”表示了数据的大小和准确度，不能随意去掉。例如0.8060A，它有四位有效数字，若把单位变换为mA，则数据变为806.0mA，左为第一位“0”被去掉，仍然有四位有效数字，但不能把最末一位“0”去掉，因为它表示该数据准确到1/10000A（或1/10mA）。为了明显地表示有效数字的位数，通常把数据用有效数字乘以10的幂次的形式表示，如8.8×10^4V，表示它只有三位有效数字，而如果写成88000V，则无法确定最后两个“0”是否是有效数字。

2. 数据的运算应按有效数字的运算规则进行。

（1）加减运算　首先对各项数字进行修约，使各数修约到比小数点后位数最少的那项数字多保留一位小数；其次进行加减运算；最后对运算结果进行修约，使其小数点后的位数与原各项数字中小数点后位数最少的项相同。

例 3-2　计算$13.05+0.038+4.7051$。

解　先对各项数据修约。原式中，数据13.05的小数点后有两位有效数字，故其他数据的小数点后应保留三位有效数字，即0.038不变，4.7051修约为4.705。

其次进行运算：

原式$=13.05+0.038+4.705=17.793$

最后将结果17.793修约为17.79，故最后结果为17.79。

必须注意：应尽量避免数字相近的两个数相减，因为相减后其结果的有效数字的位数会丧失很多，甚至连一位有效数字也没有了。

（2）乘除运算　先对各项数字进行修约，使各数字修约到比有效数字位数最少的那项数据多保留一位有效数字；然后进行乘除运算；最后对运算结果修约，使其有效数字的位数与原有效数字位数最少的那个数相同。

例 3-3　计算$1.05782\times14.21\times4.52$

解　原式中，数据4.52的有效数字的位数最少，为三位，故应将1.05782修约为1.058；而14.21不变。

原式$=1.058\times14.21\times4.52=67.9544936$

对结果修约，即67.9544936修约为68.0。

3. 有效数字的修约

应按照“四舍五入”的原则进行。修约时要注意以下两点：

1）在拟舍弃的数字中，左起第一位数恰好为“5”时，若“5”以后的数字不全为零，则舍“5”进1；若“5”以后的数字全是零，则当拟保留数字的末位为奇数时，舍“5”进1；当拟保留数字的末位为偶数时，则舍“5”不进。例如要求把下列数字修约到只保留一位小数：0.2501应修约为0.3；0.7500应修约为0.8；0.450应修约为0.4；2.0500应修约为2.0（左起第二位数字“0”是偶数）。

2）当所舍弃的数字为两位以上数字时，不能连续对数字进行多次修约，而只能按修约规则进行一次修约。例如，将17.4546修约为整数时，应修约为17，而不应该为：17.4546→17.46→17.5→18

第2篇 常用电工仪器仪表的使用及常用元器件的识别

第 4 章　常用电工仪器的使用

4.1　直流稳压电源

直流稳压电源的型号种类很多，但基本功能相似，现以 DF1701SC 型为例，介绍直流稳压电源的使用。

DF1701SC 型直流稳压电源是由二路可调输出电源和一路固定输出电源组成的高精度电源。其中二路可调输出电源具有稳压与稳流自动转换功能，其电路由调整管功率损耗控制电路、运算放大器和带有温度补偿的基准稳压器等组成。因此电路稳定可靠，电源输出电压能从零到标称电压值之间任意调整，在稳流状态时，稳流输出电流能从零到标称电流值之间连续可调。

1. 技术参数

输入电压：AC 220（1±10%）V（50±21）Hz（输出电流小于 5A）。

双路可调整电源：

额定输出电压 2×（0~30）V（连续可调）。

额定输出电流 2×（0~3）A（连续可调）。

2. 面板排列图

DF1701SC 型直流稳压电源的面板图如图 4-1 所示。

以下是面板上各元件的功能。

1、2. 电表或数字表：指示主路输出电压、电流值。

3、4. 电表或数字表：指示从路输出电压、电流值。

5. 从路稳压输出电压调节旋钮：调节从路输出电压值。

6. 从路稳流输出电流调节旋钮：调节从路输出电流值（即限流保护点调节）。

7. 电源开关：当此电源开关被置于“ON”时（即开关被按下时），机器处于“开”状态，此时稳压指示灯亮或稳流指示灯亮。反之，机器处于“关”状态（即开关弹起时）。

8. 从路稳流状态或二路电源并联状态指示灯：当从路电源处于稳流工作状态时或二路电源处于并联状态时，此指示灯亮。

9. 从路稳压状态指示灯：当从路电源处于稳压工作状态时，此指示灯亮。

10. 从路直流输出负接线柱：输出电压的负极，接负载负端。

11. 机壳接地端：机壳接大地。

12. 从路直流输出正接线柱：输出电压的正极，接负载正端。

13、14. 二路电源独立、串联、并联控制开关。

15. 主路直流输出负接线柱：输出电压的负极，接负载负端。

16. 机壳接地端：机壳接大地。

17. 主路直流输出正接线柱：输出电压的正极，接负载正端。

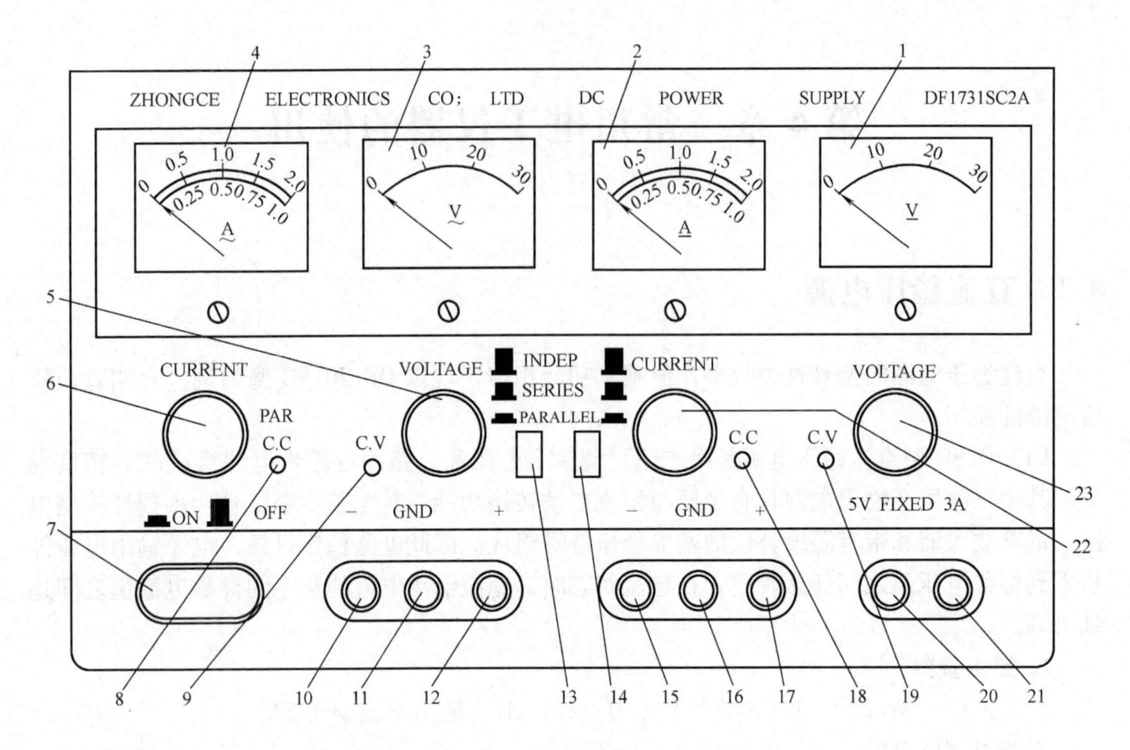

图 4-1　DF1701SC 型直流稳压电源面板图

18. 主路稳流状态指示灯：当主路电源处于稳流工作状态时，此指示灯亮。

19. 主路稳压状态指示灯：当主路电源处于稳压工作状态时，此指示灯亮。

20. 固定 5V 直流电源输出负接线柱：输出电压负极，接负载负端。

21. 固定 5V 直流电源输出正接线柱：输出电压负极，接负载正端。

22. 主路稳流输出电流调节旋钮：调节主路输出电流值（即限流保护点调节）。

23. 主路稳压输出电压调节旋钮：调节主路输出电压值。

3. 直流稳压电源的使用

1）接通电源开关，电源指示灯亮。

2）输出电压和电流都是可调的，电压/电流调节旋钮，顺时针调节由小变大；逆时针调节由大变小。

3）将跟踪/独立转换开关置于独立位置时，各路独立输出。

4）选择开关弹出时，显示窗口将显示主路输出电压值或电流值；开关按下时，显示从电路输出电压值或电流值。

5）将跟踪/独立转换开关置于跟踪位置时，若主电路的正端与从电路的正端输出相连，负端和负端输出相连，则为并联跟踪接法，可以输出较大的电流，调节主电路电压或电流调节旋钮，输出电压可在电压表上读出，电流为两路电流之和；若主路的负端输出接从路的正端输出，则为串联跟踪接法，调节主电路电压或电流旋钮，从电路的输出电压或电流跟随主电路变化，负载电流可由电流表读出，输出电压为两路电压之和。

6）该电源具有限流功能。用一条短路线将电源的（+）和（-）端子短接，旋转电压控制旋钮直到 CC 稳流指示灯亮，再调节电流旋钮到需要的电流值，取掉短路线，电流的过载保护值就设定完毕，电源进入正常工作状态。注意此后不能改变电流旋钮。

7）恒压/恒流特性。当电源工作于恒压状态时，将输出一个稳定电压。此时，随着负载的增大，输出电压会一直保持稳定，直到负载达到预置的限流值。到达限流值后，输出电流将保持不变，而输出电压将随负载的进一步增加而成比例减小，即电源从恒压状态自动转换到恒流状态。同样，当负载减小时，电源也可以从恒流状态自动转换到恒压状态。其中恒压状态时 CV 稳压指示灯亮，恒流状态时 CC 稳流指示灯亮。

8）当需要正、负两种电源同时输出时，将主电源的负极与从电源的正极连接后作为地端，则主电源的正极输出正电源，从电源的负极输出负电源。

4.2 示波器

示波器（CRO）是一种利用电子射线束的偏转，把任何两个互相关联的电参量表现为 X、Y 坐标图形的仪器。通常，在其水平偏转系统（X 轴系统）加上一个与时间成正比的锯齿波电压信号，再在垂直偏转系统（Y 轴系统）加上被测电压信号，它就能把人眼不能直接看见的电信号的时变规律，以可见的波形在荧光屏上形象地显现出来，这就是“示波器”名称的由来。

1. 示波器面板排列图

示波器的种类很多，图 4-2 所示为 SS—7802 型示波器的面板图。

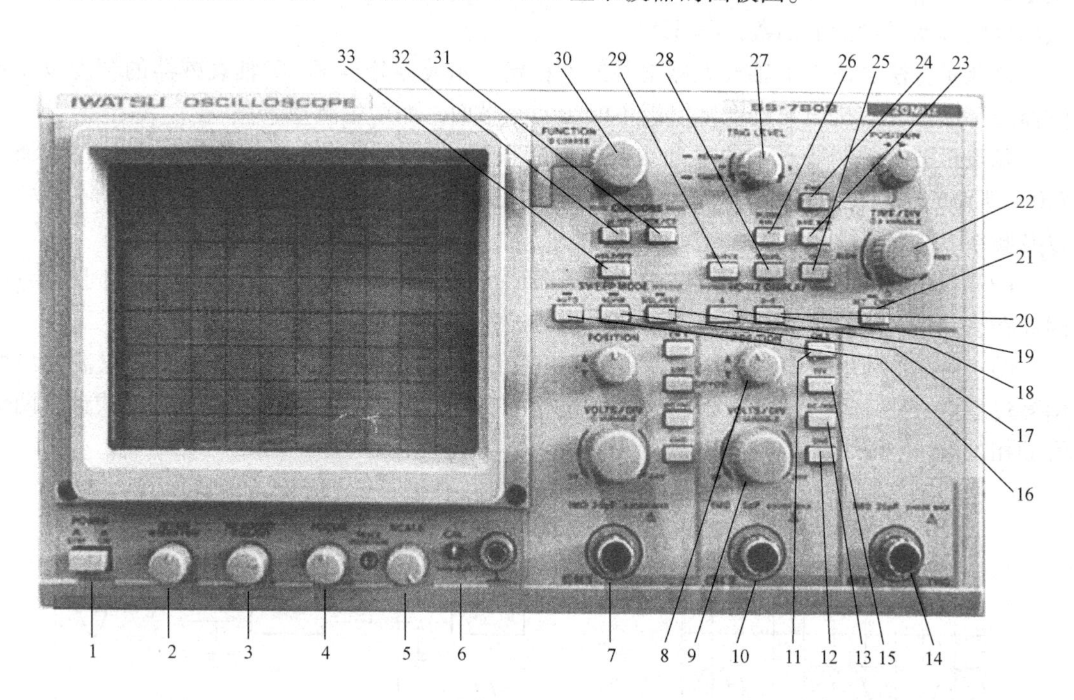

图 4-2 SS—7802 型示波器面板图

1—开关 2—信号亮度 3—文字亮度 4—聚焦 5—照明 6—方波源 7、10—被测信号输入端 8—垂直位移 9—分辨率（伏/格） 11—通道开关 12—接地 13—耦合方式 14—外部触发输入端 15—倒相 16—自动扫描 17—触发扫描 18—单次扫描 19—y 轴扫描 20—x/y 扫描 21—交替/断续 22—扫描速率（s/格） 23—扩展 10 倍 24—水平位移 25—视频触发 26—极性 27—电平 28—耦合 29—触发源 30—移标线 31—选光标点 32—转换 33—暂停键

2. 示波器的功能及使用方法

示波器的用途十分广泛。示波器不仅能测定连续电信号的幅度、周期、频率和相位，而且还能测定脉冲信号的各种参数。

（1）测正弦波　图 4-3 是由示波器荧光屏上显示出的一个正弦波信号。借助示波器屏幕前一组垂直与水平的刻度标尺（格子线 Graticule）直接读出被测电压高度 h，并且读取“Y 轴灵敏度”的挡位标示值 D，换算成相应电压值 U_{P-P}。即

$$U_{P-P} = Dh$$

式中　U_{p-p}——被测电压峰—峰值（单位 V）；

D——示波器 Y 轴灵敏度（单位 V/格）；

h——被测电压波形的峰—峰高度（单位格）。

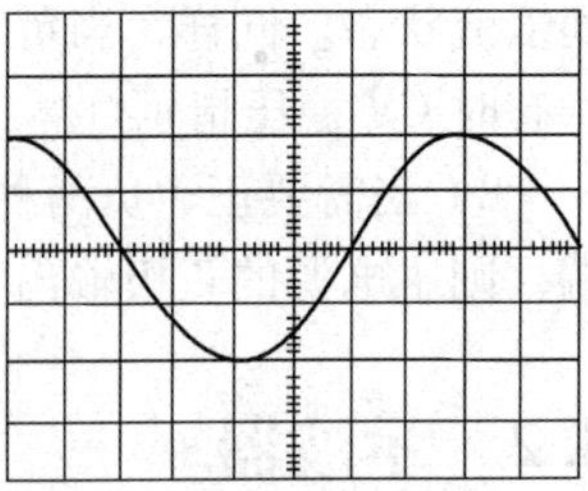

图 4-3　示波器测量正弦电压

例如，若此时示波器垂直（Y 轴）灵敏度是 $D = 5$V/格，被测电压波形的峰—峰高度 $h = 4$ 格，则该正弦波的峰—峰值 $U_{P-P} = 5$V/格 ×4 格 = 20V。

该测量方法无法直接测量电压有效值（Root-Mean-Square——RMS），仅对正弦波可以换算，即电压有效值 $U = 0.707U_m$。

根据图 4-3 的波形还能确定该正弦波的周期和频率，若此时示波器的水平（X 轴）灵敏度是 200μs/格，从图中可见一个周期是 8 格，则该信号周期 $T = 200$μs/格 ×8 格 = 1600μs。该信号的频率是周期的倒数，$f = 625$Hz。

该测量方法会由于 Y 轴放大器增益的不稳定、示波器分辨率、Y 轴衰减器的精度以及示波器屏幕波形和有机玻璃刻度标尺板不处于同一平面，而产生测量误差。

随着示波器的制造水平的不断提高，已有模拟光标读出示波器，如岩崎 IWATSU SS—7802 型示波器等，可以自动地对示波器荧光屏上两个电子光标之间的电位差 ΔV、时间差 Δt 以及频率 f 进行测量和显示。

（2）相位的测量　在模拟电路中往往还需研究电路的输入信号与输出信号之间的相移。因此在有些情况下，还需测量电路中两个信号的相移和相对时间的关系。

图 4-4 就是利用图 4-5 所示电路测得某电路的输入信号和输出信号的波形，只需读出两信号过零点（在 X 轴上）的时间差 Δt 和输入（或输出）信号的周期 T 就可按下式计算两信号的相位差 γ，即

$$\gamma = \frac{\Delta t}{T} \times 360°$$

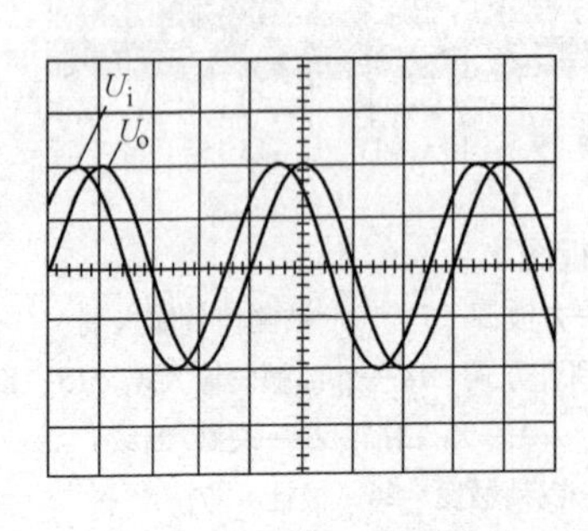

图 4-4　两波形之间相位差

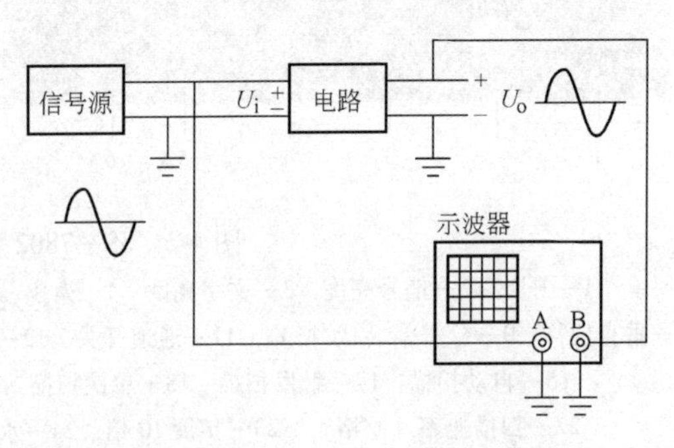

图 4-5　测量电路增益的仪表连接图

例如，图4-4中，U_i 和 U_o 过零点时间差 $\Delta t=0.5$ 格 × 水平灵敏度 = 0.5 格 × 200μs/格 = 100μs，而 U_o 的周期 $T=4$ 格 × 水平灵敏度 = 4 格 × 200μs/格 = 800μs。

则相移：$\gamma=\dfrac{\Delta t}{T}\times 360^\circ=\dfrac{100\mu s}{800\mu s}\times 360^\circ=45^\circ$

以上计算我们不难发现，水平灵敏度在计算时可约去，只需直接读出 U_i 和 U_o 过零点时在 X 轴上的格数之差和 U_o 的周期的格数，就可直接算出相移，即

$$\gamma=\frac{0.5}{4}\times 360^\circ=45^\circ$$

这样求得的相移是一个绝对值，还需判定输出信号相对于输入信号是延迟了还是超前了。根据示波器显示原理，X 轴扫描是从左向右移动，因而先出现的光点在左侧，图4-4中 U_o 波形在 U_i 波形的右侧，说明 U_o 延迟 U_i，所以 U_o 滞后于 U_i45°，或者 U_i 超前 U_o45°。

（3）电压增益测量　电路的增益是电子技术中经常需要测量的内容。通常采用如图4-5所示测量电路进行测量。图中采用双踪示波器，若A通道测量被测电路的输入信号 U_i，B通道测量被测电路的输出信号 U_o，这时只需分别读取A通道所得峰值 U_i 和B通道所测得峰值 U_o，然后，根据电压增益 $A_V=U_o/U_i$ 即可换算得到电路增益值。

例如，在示波器屏幕上得到如图4-6所示的波形，且A通道的灵敏度为50mV/格，B通道的灵敏度为0.5V/格，可以计算出电路的增益为

$$A_V=\frac{U_o}{U_i}=\frac{2.5\text{格}\times 0.5\text{V/格}}{1.0\text{格}\times 0.05\text{V/格}}=25$$

（4）脉冲波形的测量　脉冲信号是数字电路中最常见的信号，从示波器显示的波形中可以获得我们所需的电参数。为了保证所测参数的精度和正确性，示波器的带宽和上升时间必须满足要求。

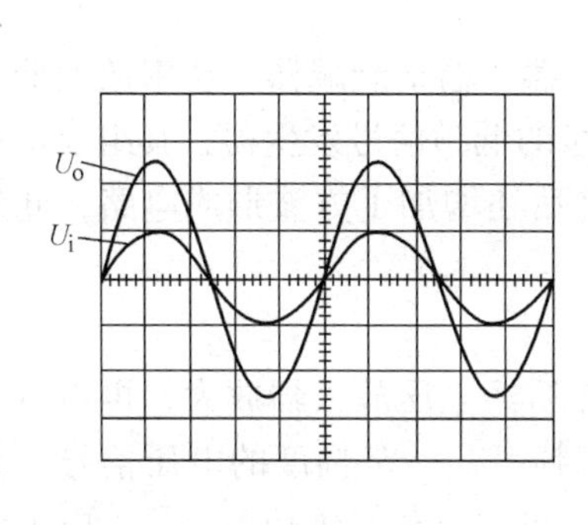

图4-6　示波器显示波形

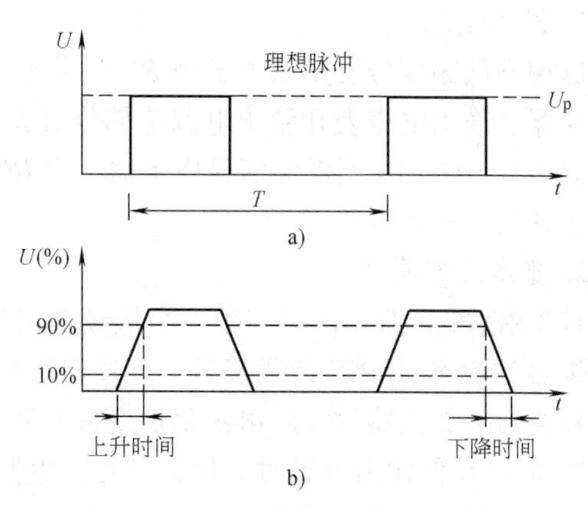

图4-7　脉冲信号波形

图4-7a是一个理想的脉冲信号，理论上脉冲信号从0V上升到 U_p 不需时间，但是在电子电路中，晶体管或集成电路的导通或截止不可能不需时间，因而脉冲信号的上升和下降都需一定时间。图4-7b显示出脉冲信号从0V上升到 U_p 或从 U_p 下降到0V所需的上升时间和下降时间。在脉冲电路中通常从 U_p 的10%上升到 U_p 的90%所需时间称作上升时间，同理，从 U_p 的90%下降到 U_p 的10%所需时间称作下降时间。

特别说明：如果同时用双踪示波器的两个通道测量两个信号时，必须保证两个探头的地

线（俗称黑夹子）接在电路中的同一点上，如图 4-8a 所示。否则，如果两个探头的地线接在电路中电位不等的两个点上，如图 4-8b 所示，会引起短路事故，必须避免。

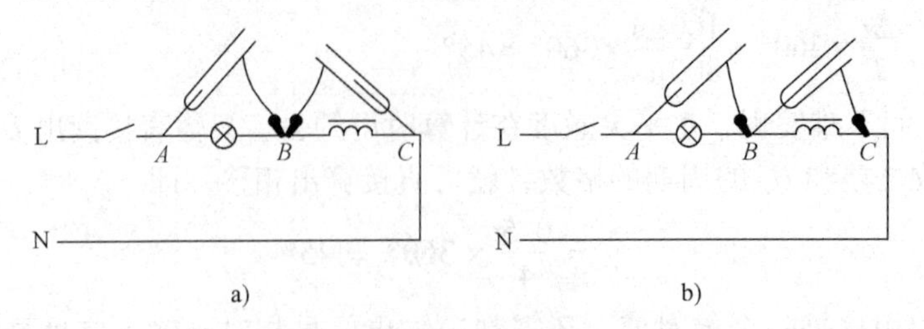

图 4-8　同时观察两个波形时探头的接法
a）正确的测量方式　b）错误的测量方式

4.3　信号发生器

信号发生器（Signal Generator）是一种能提供正弦波、方波等信号电压和电流的电子测量仪器，一般做标准信号源使用。它在生产、科研和教学实验中应用十分广泛，几乎所有的静态和动态电子测试过程都需要它，特别是在电工电子领域尤其重要。

信号发生器的种类很多，根据测量目的的不同，一般可将信号发生器分为通用信号发生器和专用信号发生器两大类。通用信号发生器用于普通的测量目的，具有一定的通用性，应用面比较广；而专用信号发生器则用于某种特殊测量目的，如电视图像信号发生器等，应用面比较窄，是一种专门化的电子测量仪器。

下面以 GAG809/810 为例，重点介绍通用型低频信号发生器的使用。

1. 基本组成

通用型低频信号发生器主要由 *RC* 振荡器、电压放大器、输出衰减器、功率放大器、阻抗变换器、输出电压表和稳压电源等部分组成。不同信号的低频信号发生器，其组成稍有不同。如 GAG809/810 型低频信号发生器，在 *RC* 振荡器之后还增加了方波形成电路，此外还增加了外同步输入电路。

2. 基本工作原理

首先由 *RC* 自激振荡器产生一个低频的正弦信号，然后经电压放大器放大，再由电平调节电位器 W 和输出衰减器调节后，直接向负载提供一定频率、一定幅度的电压信号。如果此信号经功率放大器放大后再由阻抗变换器匹配输出，则可向负载提供功率信号。电平调节电位器 W 可在低输出电平时，保证信号发生器的非线性失真很小。GAG809/810 型低频信号发生器在自激振荡器之后还增加了方波整形电路，可以输出低频方波信号。

3. 面板及各旋钮功能

图 4-9 所示为 GAG809/810 型低频信号发生器的面板图。各旋钮功能如下：

1. POWER SWITCH：电源开关。

2. OUTPUT TERMINAL：输出接线端，分为信号线和地线，使用时要注意区分。

3. WAVE FORM：波形选择按钮，按钮在压进和弹出两种状态时，对应分别输出方波和正弦波。

4. ATTENUATOR：输出电压衰减旋钮，一共分为 6 挡，按分贝数标出。

5. AMPLITUDE：输出电压细调旋钮，可以连续调节输出电压的大小。

6. FREQ RANGE：频率范围选择按钮，共分5挡，按下选中。

7. FREQUENCY DIAL：频率细调旋钮，可以连续调节输出信号的频率，其值乘以选择的倍率，即为输出信号的频率。

4. 低频信号发生器的使用

无论哪种低频信号发生器，在使用前，都应仔细阅读其使用说明书，熟悉面板上各旋钮的功能和操作方法。各种低频信号发生器的使用基本类似，一般分为以下几个步骤：

（1）准备工作　开机前，先将仪器外壳接地以免机壳带电，输出电压细调旋钮（AMPLITUDE）旋至最小，然后接通电源预热5～10min，待仪器稳定工作后再使用。

（2）选择输出波形　GAG809/810型低频信号发生器可提供两种输出波形：正弦波和方波。用户应根据需要，通过调节波形选择开关（WAVE FORM）调节。

（3）选择输出频率　先适当选择频率范围（FREQ RANGE），然后再细调频率调节旋钮（FREQUENCY DIAL），达到所需频率。

（4）调整输出电压大小　适当调节输出衰减（ATTENUATOR）和输出细调（AMPLITUDE）两旋钮，使输出电压大小符合要求。

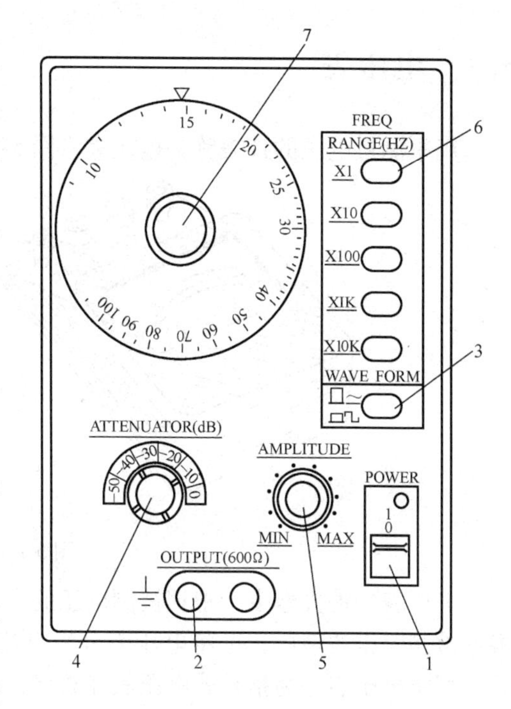

图4-9　GAG809/810型低频信号发生器面板图

第5章　常用电工仪表的使用

5.1　电压表

用来测量电压的仪表称为电压表。图5-1所示为一种直流电压表的外观图。

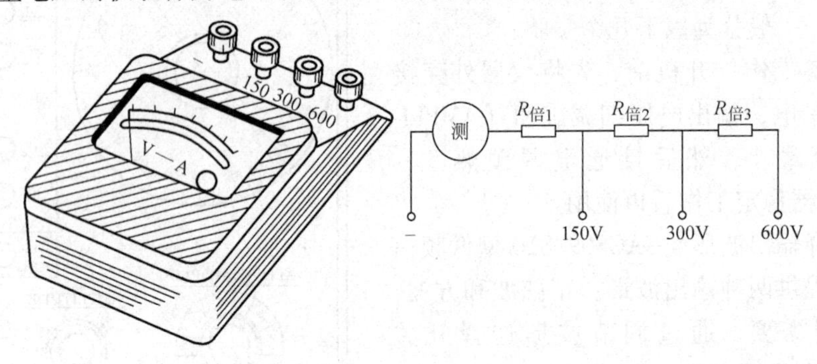

图5-1　直流电压表

电压表的种类繁多，根据被测电压的大小，可将电压表分为毫伏表、伏特表和千伏表；根据被测电压的性质，可将电压表分为直流电压表和交流电压表；根据测量结果的表示方式，可将电压表分为指针式电压表和数字显示电压表。使用电压表时，应注意以下几点。

1. 电压表型式的选择

测量直流电压时，应选择直流电压表，如磁电系电压表；测量交流电压时，应选择交流电压表，如电磁系电压表。

2. 接线方式

测量时，电压表应与被测电路并联，如图5-2所示。

由于直流电源有“正”、“负”，所以在接入直流电压表时要注意仪表的极性，当极性接错时，仪表的指针将向相反方向偏转，此时应改变接线。

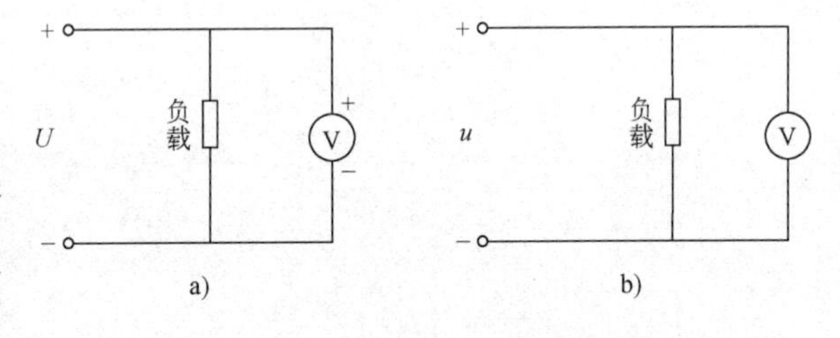

图5-2　电压表的接线方法

a）直流电压的测量　b）交流电压的测量

3. 量程的选择

选择电压表量程时，应使所选量程大于被测电压的值，以免损坏电压表。例如当供电电压为380V或220V时，电压表的量程应选择450V或300V。此外，最好使被测电压值处在不小于电压表满刻度值2/3的区域，以提高测量的准确度。

5.2　电流表

用来测量电流的仪表称为电流表。根据被测电流的大小，可将电流表分为微安表、毫安表和安培表；根据被测电流的性质，可将电流表分为直流电流表和交流电流表；根据测量结果的显示方式，可将电流表分为指针式电流表和数字式电流表。图 5-3 所示为一种直流电流表的外观图。

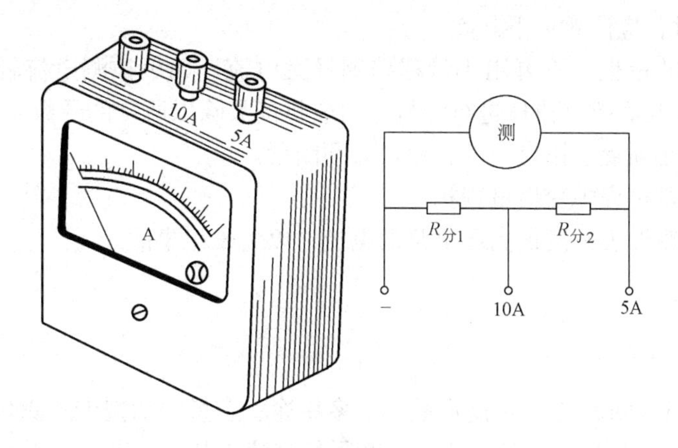

图 5-3　直流电流表

使用电流表时，应注意以下几点。

1. 电流表型式的选择

测量直流电流时，应采用直流电流表，如磁电系电流表；测量交流电流时，应采用交流电流表，如电磁系电流表。

2. 接线方式

电流表测电流时，必须串接到被测电路中，如图 5-4 所示。

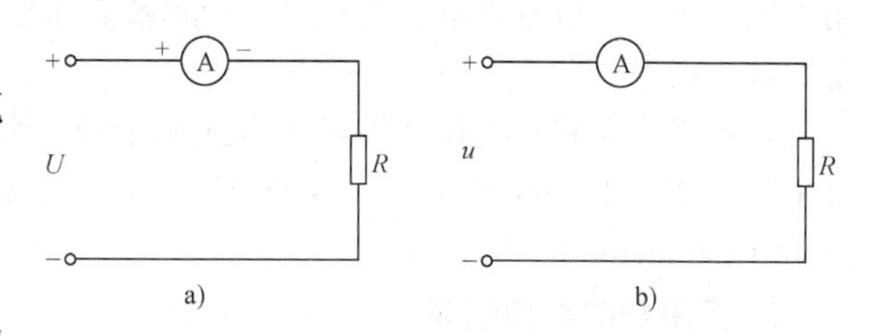

图 5-4　电流表的接线方式
a）直流电流的测量　b）交流电流的测量

交流电流表一般是电磁系仪表，测量时不分正负端。而直流电流表使用时，必须注意正负端的位置，标有“+”的接线端应为电流流入的一端，标有“-”的接线端则为电流流出的一端。如果接错，会使指针反转，有可能把指针打弯。

3. 量程的选择

选择电流表量程时，首先应根据被测电流的大小，使所选的量程大于被测电流的大小。若测量前无法判别电流的大小，则应先选用较大的量程试测后，再换适当的量程。为了减小测量误差，选择量程时，还应尽量使指针接近于满刻度值，一般最好工作在不小于满刻度值 2/3 的区域。

4. 钳形电流表

有些需要测量电流但又不允许断开电路的场合，可以使用钳形电流表。钳形电流表简称钳形表，其外形如图 5-5 所示。它是由电流互感器和整流系电流表组成的。它的铁心如同钳子一样，用弹簧压紧。

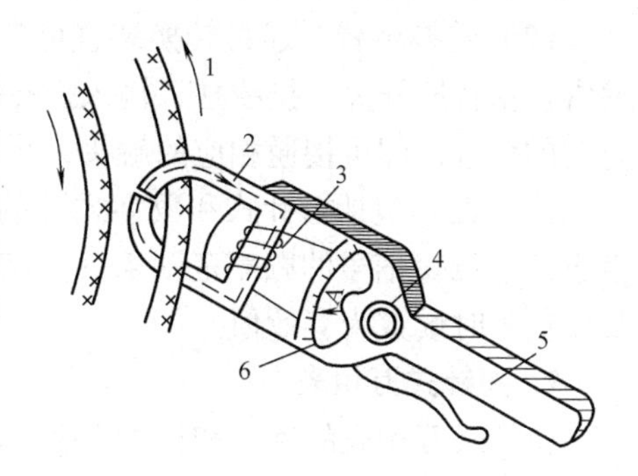

图 5-5　钳形电流表
1—待测电流　2—钳形铁心　3—二次绕组
4—换电流量程转换开关　5—手柄
6—电流表

测量时将钳子压开套入被测导线，这时该导线就是电流互感器的一次绕组，电流互感器的二次绕组绕在铁心上并与电流表接通。根据电流互感器一次、二次绕组间的一定变比关系，电流表的指示值就是被测量的数值。

使用钳形表时，应注意以下几点：

1）选择合适的量程，不可用小量程挡测量大电流。如果被测电流较小，读数不明显，可将载流导线多绕几圈放进钳口进行测量，但应将读数除以所绕的圈数才是实际的电流值。

2）被测导线必须置于钳口中部，钳口必须闭紧。

3）不要在测量过程中变换量程挡。

4）不允许用钳形表去测量高压电路的电流，以免发生事故。

5.3 万用表

万用表（Multimeter）是一种高灵敏度、多用途、多量限的携带式测量仪表，它在电工、电子技术中是一种最常用的仪表，可以用来测量交流电压（ACV）、直流电流（DCA）、直流电压（DCV）、直流电阻（Ω）以及音频电平（dB）。万用表的型号较多，有些型号的万用表还可用作测量电感量、电容量、功率及晶体管等。因此，万用表是电气测量和维修所必备的常用仪表。

万用表依据其对测量结果显示方式的不同，大体可分为“指针式万用表”和“数字式万用表（Digital MultiMeter——DMM）”二类。前者也叫“模拟式万用表”、“伏欧表”（Volt-Ohm Meter——VOM）。

1. 万用表的结构组成

万用表的基本组成主要包括指示部分、测量电路、转换装置三部分：

（1）指示部分　俗称表头，用以指示被测电量的数值。指针式万用表该部分通常为磁电式微安表，而数字式万用表则为液晶或荧光数码显示屏。“指示部分”是万用表的关键，其很多的重要性能，如灵敏度、精确等级等都决定于表头的性能。

（2）测量电路　是把被测的电量转化为适合于表头的微小信号，再通过“转换装置”转换成能够驱动指示部分指示所需的信号。

（3）转换装置　通过转换装置可实现万用表的各种测量类型和量程的选择。转换装置通常包括转换开关、接线柱、输入插孔等；转换开关有固定触头和活动触头，测量时，改变开关的位置，即可接通相应的触头，实现相应的测量功能。

万用表（包括指针式和数字式）的测量灵敏度和精度相对来说较低，测量时的频率特性也差（测量信号的频率范围45～1000Hz）：从而只能用于对工频或低频信号的测量，测量交流信号时读数为有效值。

2. 指针式万用表

指针式万用表的型号和种类很多，不同型号的万用表，功能不尽相同。实际测量时，要根据需要，选择和使用合适的万用表。一般说来，万用表的测量灵敏度和精度越高，价格就越贵，一般以满足测量要求为度。这里以 MF 500 型万用表为例，介绍指针式万用表的使用方法及注意事项。

MF 500 型万用表是一种高灵敏度、多量程的便携式整流型仪器，该仪器共有 24 个量程，能分别测量交、直流电压，直流电流，电阻及音频电平。

（1）MF 500 型万用表的主要技术指标　MF 500 型万用表的主要技术指标见表 5-1。

表 5-1　MF 500 型万用表主要技术指标

	测量范围	灵敏度	精度等级
直流电压	0V～2.5V～10V～50V～250V～500V	20000Ω/V	2.5
直流电压	2500V	4000Ω/V	5.0
交流电压	0V～10V～50V～250V～500V	4000Ω/V	5.0
交流电压	2500V	4000Ω/V	5.0
直流电流	0μA～50μA～1mA～10mA～100mA～500mA		2.5
电阻	0kΩ～2kΩ～20kΩ～200kΩ～2MΩ～20MΩ		2.5
音频电平	－10dB＋22dB		

（2）MF 500 型万用表面板和旋钮功能　MF 500 型万用表的面板如图 5-6 所示。

以下为各旋钮的功能。

R_1：测电阻时的调零电位器。

S_3：机械零点校正。

S_1：转换开关，选择量程项目和 S_2 配合使用。

S_2：转换开关，选择量程项目和 S_1 配合使用。

K_2：插座，插红表笔棒测量电压、电流、电阻时用。

K_1：公共插座，插入黑表笔棒。

K_3：插座，插红表笔棒，测量电平时用。

K_4：插座，插红表笔棒，测 2500V 专用。

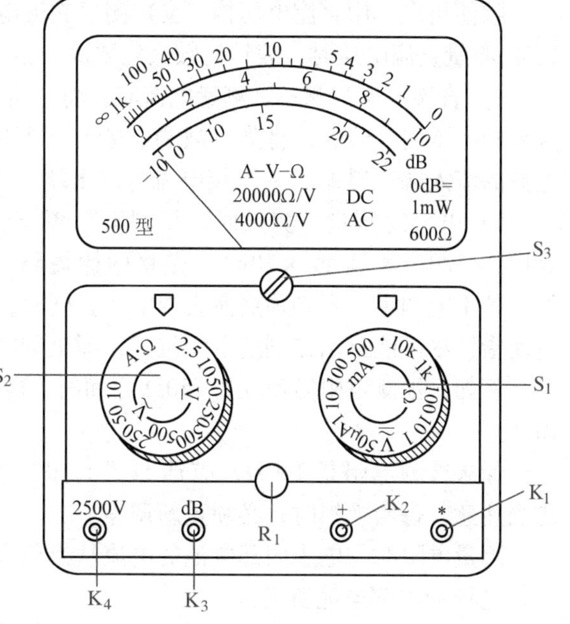

图 5-6　MF 500 型万用表面板

（3）MF 500 型万用表面板刻度　图 5-7 所示为 MF 500 型万用表面板刻度。图 a 中两条刻度线是指示电压和电流读数的，零值在左端，右端为满刻度。当交流电压量程为 10V 时，用第二条刻度线，其他情况用第一条刻度线。图 b 为指示电阻值的，零值在最右端，左端表示电阻为无穷大。

（4）MF 500 型万用表的基本使用方法

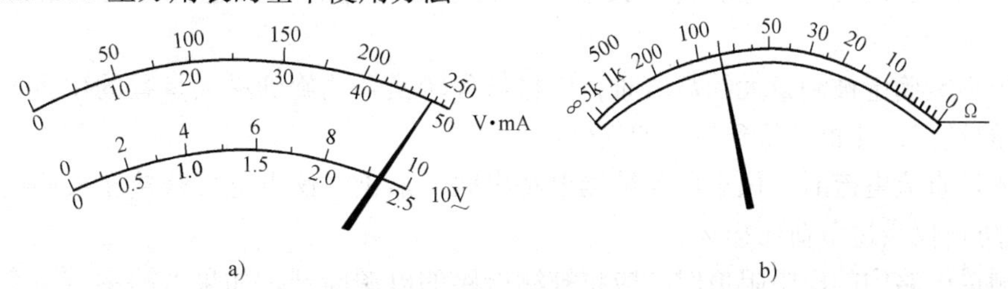

图 5-7　MF 500 型万用表面板刻度

1）调“零点”。使用前，如果指针不指在表面标度尺的零点位置，则必须用螺钉旋具慢慢旋转机械调零螺钉，使指针指在零位上。

2）直流电压的测量。将黑表棒插在“K_1”内，红表棒插在“K_2”内（2500V 挡例外）。“S_1”置于“V̰̲”，“S_2”置于被测直流电压（V̲）的相应量程范围内。然后将红表棒接入被测的电路高电位端，黑表棒接入被测的电路低电位端。表头指示读数即为被测直流电压的数值。

如果在电路上测量直流电压时，表针反向偏转，则说明被测电压极性相反，只需将表棒的黑、红互换即可。因此，我们可根据表棒的极性和表针的偏转方向，来判断被测电压的极性。

3）交流电压的测量。测量时，将“S_1”置于“V̰̲”，“S_2”置于被测交流电压（V̰）的相应量程范围内。由于交流电没有正、负极之分，所以表棒不分黑、红。

顺便指出，用直流电压挡（V̲）测量交流电压时，指针会抖动而不偏转，用交流电压挡（V̰）测量直流电压时，表针指数大约要高一倍，测量时不许拨错开关。

4）直流电流的测量。测量电流时，将“S_2”置于“A”，“S_1”置于被测直流电流的相应量程范围内。然后，将某一被测点断开，万用表以串接的形式接入电路，红棒“+”接电流的流入端，黑棒“-”接电流的流出端。

5）电阻的测量。测量时，将“S_2”置于“Ω”，“S_1”置于相应量程范围内（×1、×10、×100、×1k 或×10k）。先将两棒短路，调节调零电位器，使指针指向满度（0Ω）处。若不能调零，则必须更换表内电池。同时，为了提高测试精度，选择“Ω”各挡量程，应使指针尽可能指示在刻度中间位置，即全刻度的20%～80%弧度范围内。

例如，被测电阻阻值在2～50Ω之间时，应选择Ω“×1”挡，即指针指在“10”，就是10Ω。

如果被测电阻是100Ω，应选Ω“×10”挡，也使指针指在“10”位置上，即100Ω。应当注意，每当换挡时，必须重新调零。

测量电阻时，电表内部电池的电流从黑色表棒流出（即为内部电池正极），由红色表棒流入（即为内部电池负极）。

6）万用表的准确度。准确度有时叫做精度或误差，它表示仪表指示值（测得值）与标准值之间的基本误差，共有7级。

一般万用表直流挡的等级为2.5级或1.5级，交流挡的等级为5.0级或2.5级。

（5）MF 500 型万用表使用注意事项　为了测量时获得良好效果及防止由于使用不慎而使仪表损坏，仪表在使用时，应遵守下列注意事项。

1）仪表在测试时，不能旋转开关旋钮，特别是高电压和大电流时，严禁带电转换量程。

2）当不能确定被测量大约数值时，应将量程转换开关旋到最大量程的位置上，然后再选择适当的量程，使指针得到最大的偏转。

3）测量直流电流时，仪表应与被测电路串联，禁止将仪表直接跨接在被测电路的电压两端，以防止仪表过负荷而损坏。

4）测量电路中的电阻阻值时，应将被测电路的电源断开，如果电路中有电容器，应先将其放电后才能测量，切勿在电路带电情况下测量电阻。

5）仪表在不使用时，最好将开关旋钮“S_2”旋在“.”位置上，使测量机构两极接成短路，“S_1”旋在“.”位置上，使仪表内部电路呈开路状态，防止因误置开关旋钮位置进行测量而使仪表损坏。

6）为了确保安全，测量交、直流2500V电压时，应将测量杆一端固定接在电路的接地端，将测量杆的另一端去接触被测高压端，测量过程中应严格执行高压操作规程，双手必须带高压绝缘橡胶手套，地板上应铺置高压绝缘橡胶板，测量时应谨慎从事。

7）仪表应经常保持清洁和干燥，以免因受潮而损坏和影响准确度。

8）如果短路测量杆调节电位器“R_1”不能使指针指示到电阻零位，这表示电池电压不足，应立刻更换新电池，以防止电池腐蚀而影响其他零件。

3. 数字式万用表

数字式万用表的用途与指针式万用表类似，它采用数字直接显示测量结果，读数具有直观性和唯一性，且体积小、测量精度高，应用十分广泛。

常用的数字万用表多为三位半显示，测量时输入极性自动切除，且具有单位、符号显示。数字式万用表在开始测量时，一般会出现跳数现象，应等待显示稳定后再读数。有时显示数字一直在一个范围内变化，则应取中间值。数字式万用表的型号种类很多，这里以DT—890型数字万用表为例，介绍数字式万用表的使用方法和注意事项。

DT—890型数字万用表是一种小型的数字显示式仪表，能测试直流电压、直流电流、交流电压、交流电流、电阻和晶体管放大倍数等电量。

（1）基本技术性能

1）显示位数：4位数字，最高位只能显示1或不显示数字，算半位，所以称3 1/2位，最大显示数为1999或－1999。

2）具有自动调零和显示正、负极性的功能。

3）超量程显示，超过量程时显示“1”或“－1”。

4）采样时间：0.4s。

5）电源：9V干电池供电。

6）整机功耗：20mW。

（2）使用方法及注意事项　测量电压、电流、电阻等方法与指针式万用表相类似。图5-8为DT—890型数字万用表的面板图。

1）测试输入插座：黑色测试棒插在“COM”的插座里不动。红色测试棒有以下两种插法：①在测电阻值和电压值时，将红色测试棒插在“V”的插孔里。②在测量小于200mA的电流时，将红色测试棒插在“mA”插孔里。当测量大于200mA的电流时，将红色测试棒插在

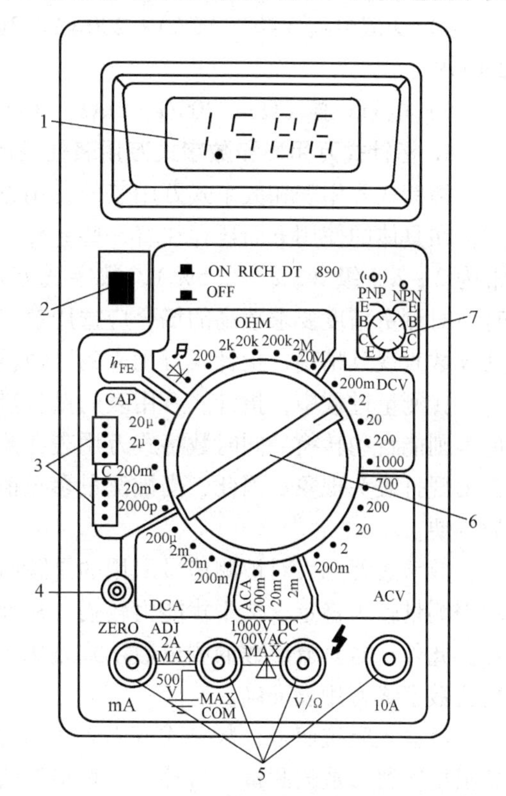

图5-8　DT—890型数字万用表的面板图

1—显示器　2—开关　3—电容插口　4—电容调零器　5—插孔　6—选择开关　7—h_{FE}插口

“10A”插孔里。

2）根据被测量的性质和大小，将面板上的转换开关旋到适当的挡位，并将测试棒插在适当的插座里。

3）将电源开关置于“ON”位置，即可用测试棒直接测量。

4）测毕，将电源开关置于“OFF”位置。

5）当显示器显示“+”符号时，表示电池电压低于9V，需更换电池后使用。

6）测三极管 h_{EF}时需注意三极管的类型（NPN或PNP）和表面插孔E、B、C所对应的管子管脚。

7）检查二极管时，若显示“000”表示管子短路；显示“1”表示管子极性接反或管子内部已开路。

8）检查线路通断，若电路通（电阻<20Ω）电子蜂鸣器发出声响。

（3）测试范围

1）直流电压5挡（DCV）：200mV、2V、20V、200V、1000V，输入阻抗为10MΩ。

2）直流电流5挡（DCA）：200A、2mA、20mA、200mA、10A，满量程仪表电压降为250mV。

3）交流电压5挡（ACV）：200mV、2V、20V、200V、750V，输入阻抗10MΩ，并联电容小于100pF。

4）交流电流5挡（ACA）：200μA、2mA、20mA、200mA、10A，满量程仪表电压降为250mV。

5）电阻6挡（Ω）：200Ω、2kΩ、20kΩ、200kΩ、2MΩ、20MΩ。

4. 指针式万用表和数字式万用表使用的区别

指针式万用表和数字式万用表的使用方法大致相同，但由于其内部电路和显示方式的不同，在具体的使用方面还存在着一些差异。就一般万用表而言，指针式万用表的测量精度通常为2~2.5级（2%~2.5%），数字式万用表的测量精度为1‰~25‰，当用万用表测量时，对测量精度要求较高的场合应选用数字式万用表。由于数字式万用表采用数字式显示，其读数直观且精确，指针式万用表的读数误差较大。

在测量过程中，指针式万用表的量程需在测量前由测量者预先选定，而数字式万用表的量程则能自动转换。同时数字式万用表在测量参数值超量程时能自动溢出，指针式万用表则会出现打表头现象。因此，当被测量参数值在测量前无法估计时，一般选用数字式万用表较为方便。

数字式万用表对被测信号采用的是瞬时采样工作方式，测量时抗干扰较差，而指针式万用表测量较为稳定，抗干扰能力较强，从而使用数字万用表测量时要求被测系统的稳定性较好。此外，对直流参数的测量数字式万用表不宜选用，因为直流工作状态下指针式万用表读数比数字式万用表准确。

就输入阻抗而言，数字式万用表比指针式万用表高很多。因此，数字式万用表更适用于高阻抗电路参数的测量。另外，一般指针式万用表测量电流的最大量程只有几百毫安，没有交流电流挡，因此测量交流电流或大电流时以选择数字万用表为好。

判别晶体管的好坏，选用指针式万用表较为方便；测量电阻阻值，选用数字式万用表则读数准确、使用更为方便。测量时，根据具体情况合理选用指针式或数字式万用表。

5.4 功率表

用来测量负载有功功率的仪表称为功率表。图 5-9 为功率表的外形图和内部接线图。

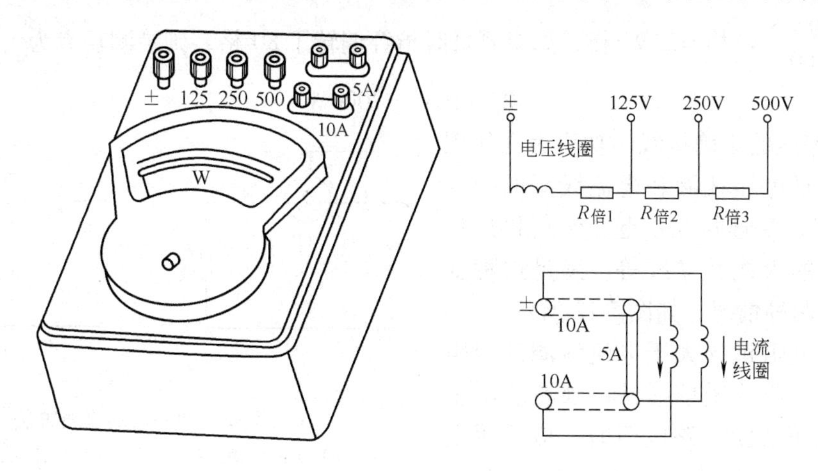

图 5-9 功率表的外形图和内部接线图

1. 功率表的结构

多数功率表均为电动系结构，其原理接线如图 5-10 所示。图中，1 是固定线圈，它与负载串联，线圈中流过的电流等于负载电流。2 是可动线圈，线圈串联附加电阻 R_s 后与负载并联，线圈上承受的电压正比于负载电压。3 是阻值很大的附加电阻。指针偏转角的大小取决于负载电流和负载电压的乘积。图 5-11 所示为功率表的图形符号，水平线圈为电流线圈，垂直线圈为电压线圈。电压线圈和电流线圈上各有一端标有“ * ”，称为电源端钮，表示电流应从这一端钮流入线圈。

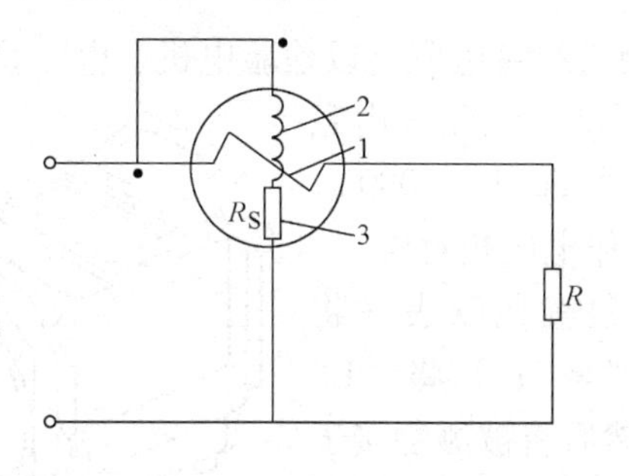

图 5-10 功率表的结构

1—固定线圈 2—可动线圈 3—附加电阻

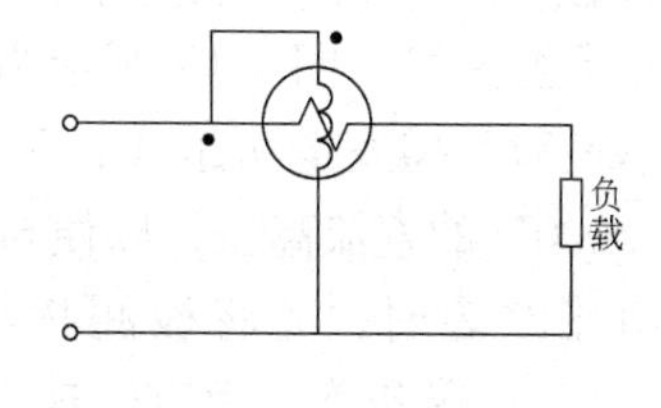

图 5-11 功率表的图形符号

2. 功率表的使用

1）量程的选择。选择功率表的量程，实际上就是要正确选择功率表的电流量程和电压量程，而不能只从功率角度考虑。例如，有两只功率表，量程分别为 300V、5A 和 150V、10A，它们的功率量程相同，但如果被测负载的电压为 220V、电流为 4.5A，则只能选用 300V、5A 的功率表。一般在测量功率前，应先测出负载的电压和电流，以便在选择功率表时心中有数。

2）功率表的读数。便携式功率表一般都是多量程的，标度尺上只标出分度格数，不标注瓦特数。读数时，应先根据所选的电压、电流量程以及标度尺满刻度时的格数，求出每格瓦特数（也叫功率表常数），然后再乘以指针偏转的格数，即可得到所测功率的瓦特数。例如，一只功率表的电压量程为500V，电流量程为5A，标度尺满刻度为100格，则功率表常数为 $\alpha = \frac{500 \times 5}{100}$W/格 =25W/格，如果测量时指针偏转了80格，则被测功率为

$$25 \times 80\text{W} = 2000\text{W}$$

3）功率表的正确接线。功率表在使用时，必须保证电压线圈和电流线圈的公共端（＊号端）先连接在一起，然后再连接负载、电源的火线及零线等。满足这种要求的接线有两种情况，如图5-12所示。

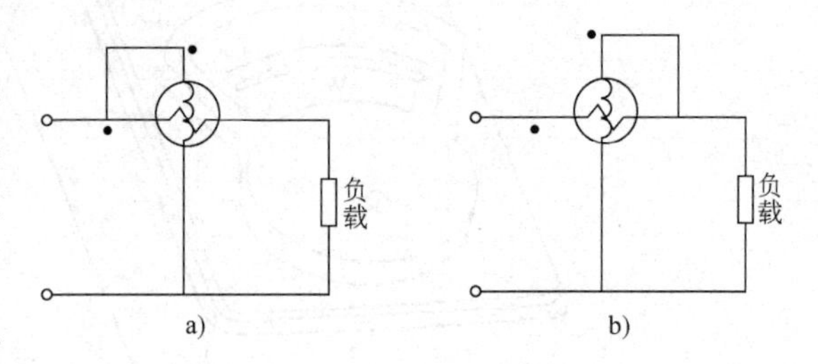

图5-12　功率表的接线方法
a）电压线圈前接法　b）电压线圈后接法

当负载电阻远远大于电流线圈的内阻时，应采用电压线圈前接法。当负载电阻远远小于电压线圈支路电阻时，应采用电压线圈后接法。如果被测功率本身较大，不需要考虑功率表的损耗对测量值的影响时，则两种接线法都可以，但最好选用电压线圈前接法，因为功率表中电流线圈的功率损耗一般都小于电压线圈支路的功率损耗。

4）测量功率时，如果接线正确但指针出现反偏，说明负载侧实际上是一个电源，负载支路不是消耗功率而是发出功率。这时可以对换电流端钮上的接线使指针正偏，然后在功率表的读数前加上负号，以表示负载支路是发出功率而不是吸收功率。

5.5　绝缘电阻表

绝缘电阻表可称兆欧表（俗称摇表），用来测量绝缘电阻，以检验电机、电气设备和线路的绝缘是否良好。图5-13所示为兆欧表的外形图。兆欧表由磁电式比率表和手摇发电机组成，手摇发电机能产生500V、1000V、2500V、5000V的直流高压，以便与被测设备的工作电压相对应。

使用兆欧表时，先将被测物与电源断开，检查兆欧表（将“L”端、“E”端开路，额定转速下，指针应指“∞”；再将“L”端、“E”端短接，轻摇手柄，指针应指“0”），然后将被测物接于“L”端和“E”端之间，待手摇转速大约在120r/min的额定转速时，看此时兆欧表的读数，即为绝缘电阻的大小。

使用兆欧表时，应选取额定电压与设备的额定电压相对应。

绝缘电阻的大小应与兆欧表的测量范围相吻合。

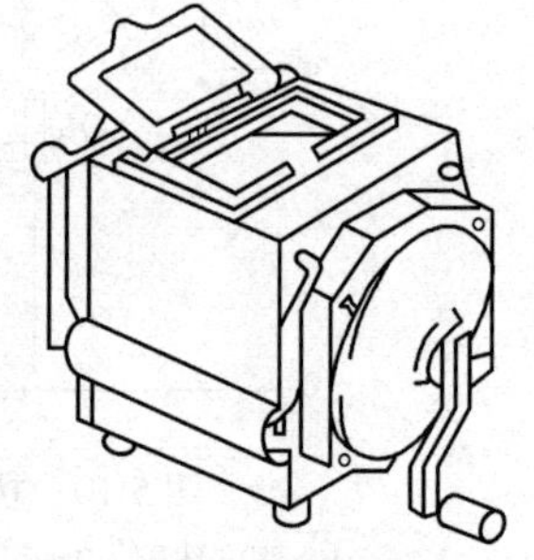

图5-13　兆欧表的外形图

5.6　直流单臂电桥

直流单臂电桥由转换开关、比例臂和比较臂、读数盘等组成。被测电阻接在被测接线柱

上，作为一个桥臂。图 5-14 所示为直流单臂电桥的原理图，图 5-15 所示为直流单臂电桥的面板图。

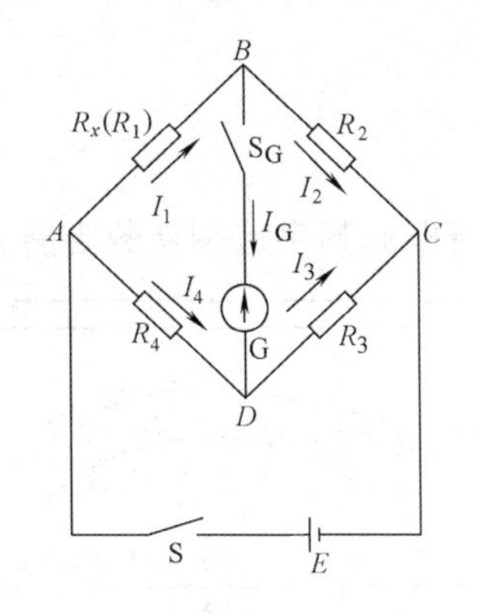

图 5-14　直流单臂电桥原理图

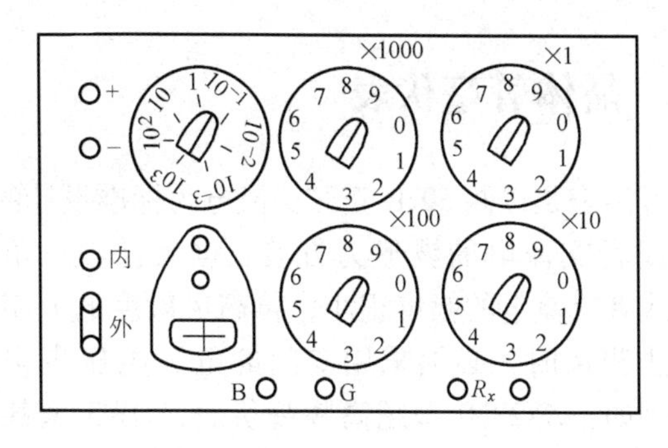

图 5-15　直流单臂电桥面板图

直流单臂电桥的使用步骤：

1）先打开检流计锁扣，再调节调零器使指针位于零点。

2）接好被测电阻，选择合适比率臂倍率，以便让比较臂的四个电阻全部用上。

3）测量时，先按电源按钮“B”，再按检流计按钮“G”，若检流计指针向“+”偏转，表示应增大比较臂电阻；若指针向“-”偏转，则应减小比较臂电阻，反复调节比较臂电阻，使指针趋于零位，电桥达到平衡。

4）测量结束，先松开“G”按钮，再松开“B”按钮。

5）电桥不用时，应将检流计用锁扣锁住，以免搬动时震坏悬丝。

5.7　直流双臂电桥

直流双臂电桥适用于测量低值电阻。直流双臂电桥由倍率旋钮、标准电阻读数盘和一对电流端钮、一对电压端钮等组成。图 5-16 所示为直流双臂电桥的原理图。

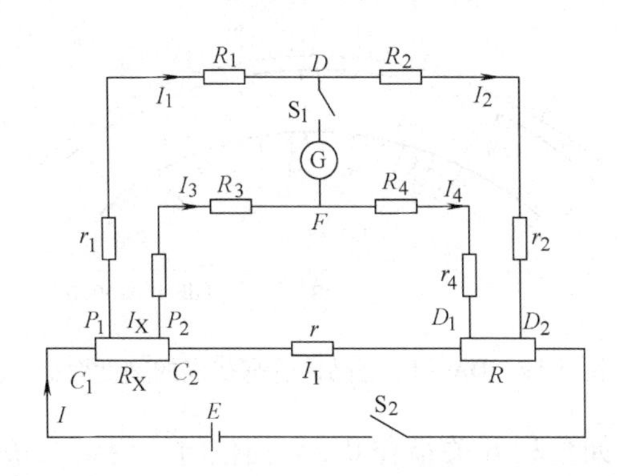

图 5-16　直流双臂电桥原理图

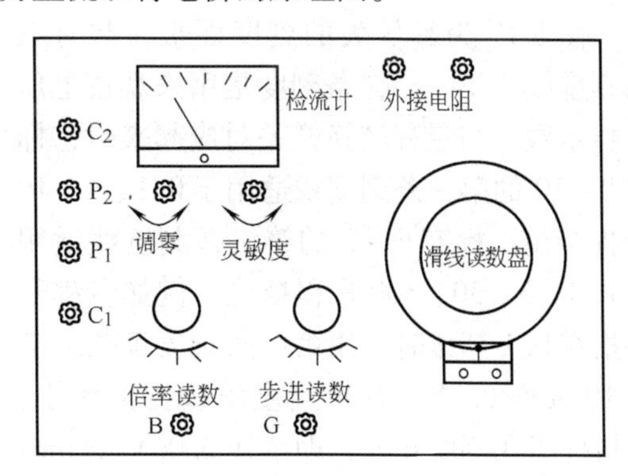

图 5-17　直流双臂电桥电路图及面板图

使用时，在“C_1”、“P_1”之间；“C_2”、“P_2”之间用粗导线连接，同时接好被测电阻，选用倍率的大小，然后调节标准电阻值的大小，当检流计指针趋于零位时，电桥平衡，被测

电阻 = 倍率读数 × 标准电阻读数。

由于双臂电桥的工作电流较大，测量要迅速，以免电池的无谓消耗。

5.8 晶体管毫伏表

万用表是以测 50Hz 正弦交流电为标准设计的，当交流电的频率范围从数吉赫兹到几赫兹时或者交流电的波形为方波、锯齿波、三角波时，或者交流电的幅度很小，再高灵敏度的万用表也无法测量时，必须采用专门的电子电压表来测量。例如，ZN2270 型超高频毫伏表，DW3 型甚高频微伏表，DA—16 型晶体管毫伏表等。

DA—16 型晶体管毫伏表是一种常用的低频电子电压表。它的电压测量范围为 100μV ~ 300V，共分 11 挡量程。各挡量程上并列有分贝数（dB），可用于电平测量，被测电压的频率范围为 20Hz ~ 1MHz，输入阻抗大于 1MΩ。

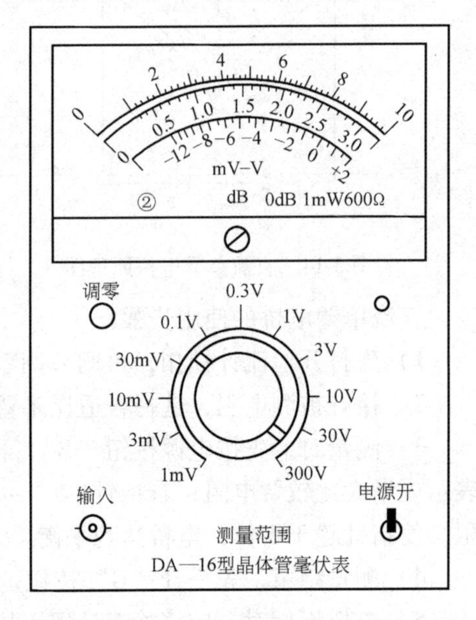

图 5-18　DA—16 型晶体管毫伏表外形图

图 5-18 是 DA—16 型晶体管毫伏表的外形图。它与普通万用表有些相似，由表头、刻度面板和量程转换开关等组成，不同的是它的输入线不用万用表那样的两支表笔，而用同轴屏蔽电缆，电缆的外层是接地线，其目的是为了减小外来感应电压的影响，电缆端接有两个鳄鱼夹子，用来作输入接线端。毫伏表的背面连着 220V 的工作电源线。使用 220V 交流电降压整流后供毫伏表作工作电源。

下面介绍 DA—16 型晶体管毫伏表的使用方法。

1. 读数方法

图 5-19 为毫伏表的刻度面板，共有三条刻度线，第一、二条刻度是用来观察电压值指示数，与量程转换开关对应起来时，标有 0 ~ 10 的第一条刻度线适用于 0.1、1、10 量程挡位，标有 0 ~ 3 的第二条刻度线适用于 0.3、3、30、300 量程挡位。例如量程开关指在 0.1 挡位时，用第一条刻度读数，满度 10 读作 0.1V，其余刻度均按比例缩小，

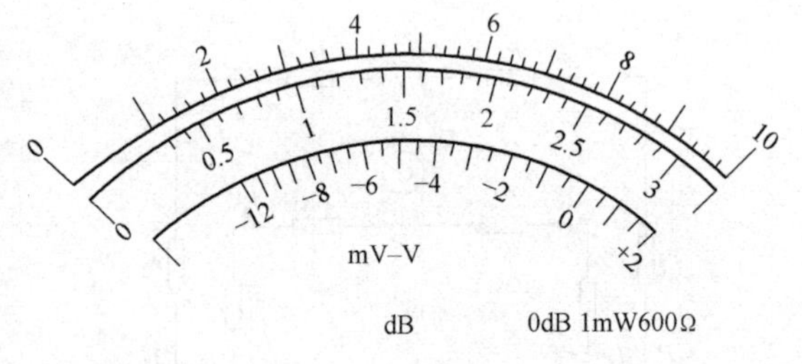

图 5-19　DA—16 型晶体管毫伏表的刻度面板

若指针指在刻度 6 处，即读作 0.06V（60mV），如量程开关指在 0.3V 挡位时，用第二条刻度读数，满度 3 读作 0.3V，其余刻度也均按比例缩小。毫伏表的第三条刻度线用来表示测量电平的分贝值，它的读数与上述电压读数不同，是以表针指示的分贝读数与量程开关所指的分贝数的代数和来表示读数的，例如，量程开关置于 +10dB（3V），表针指在 −2dB 处，即被测电平值为 +10dB +（−2dB）= 8dB。

2. 测量操作流程

1）机械调零。接通电源前，先检查表头指针是否指示在零位，若不在零位，要先进行机械调零。方法是用螺钉旋具调节表头上的机械零位螺钉，使表针指到零位。

2）电气调零。将两个输入接线端（鳄鱼夹）短路连接后，合上电源开关，指示灯亮。预热数分钟，使仪表达到稳定工作状态。然后进行电气调零，即将量程转换开关置于所需测量的范围，调节靠左面中间的“调零”旋钮，使表针指向零位。

3）选择量程。测量前选择适当的量程很重要，特别是使用较高灵敏度挡位（mV 挡）时，如果不注意，容易使表头指针打坏。如果被测电压不知道所在量程范围时，应选择最大量程（300V）进行试测，再逐渐下降到适合的量程挡，使测量的读数刻度偏转至满刻度的2/3 左右。在使用中，每当变换量程后应重新进行电气调零。

4）连接被测电路。注意先连接地线夹子，后连接测试线夹子；测试完成后则相反，先拆测试线夹子，后拆地线夹子。这样可避免当人手触及不接地的另一夹子时，交流电通过仪表与人体构成回路，形成数十伏的感应电压，打坏表针。

5）测试完成后将量限开关置于最高挡位。

3. 使用注意事项

1）毫伏表使用前应垂直放置，因为测量精度以表面垂直放置为准。

2）由于毫伏表的灵敏度很高，因此接地点必须良好。毫伏表的地线应与被测电路的地线接在一起，以免引入干扰电压，影响测量精度。

3）所测交流电压中的直流分量不得大于 300V。

4）测 220V 市电时，相线接输入端，零线接地线端，不得接反。

第 6 章　常用元器件的识别与测试

6.1　电阻器

电阻主要分为薄膜电阻和线绕电阻两大类。薄膜电阻又可分为炭膜电阻和金属膜电阻两类，其中金属膜电阻应用较为普遍。

1. 电阻器、电位器的型号命名方法

我国规定电阻器和电位器的型号命名由 4 部分组成，见表 6-1。

表 6-1　电阻器和电位器的命名

<table>
<tr><th colspan="2">第一部分　主称</th><th colspan="2">第二部分　电阻体材料</th><th colspan="2">第三部分　类别</th><th>第四部分　序号</th></tr>
<tr><th>字母</th><th>含义</th><th>字母</th><th>含义</th><th>序号</th><th>产品类别</th><th>用数字表示</th></tr>
<tr><td rowspan="9">R</td><td rowspan="9">电阻器</td><td rowspan="2">T</td><td rowspan="2">碳膜</td><td>0</td><td></td><td rowspan="14">序号由生产厂家决定</td></tr>
<tr><td>1</td><td>普通</td></tr>
<tr><td rowspan="2">H</td><td rowspan="2">合成膜</td><td>2</td><td>普通</td></tr>
<tr><td>3</td><td>超高频</td></tr>
<tr><td rowspan="2">S</td><td rowspan="2">有机实心</td><td>4</td><td>高阻</td></tr>
<tr><td>5</td><td>高阻</td></tr>
<tr><td rowspan="2">N</td><td rowspan="2">无机实心</td><td>6</td><td></td></tr>
<tr><td>7</td><td>精密</td></tr>
<tr><td rowspan="2">J</td><td rowspan="2">金属膜</td><td>8</td><td>高压</td></tr>
<tr><td rowspan="5">RP</td><td rowspan="5">电位器</td><td>9</td><td>特殊</td></tr>
<tr><td>Y</td><td>金属氧化膜</td><td>G</td><td>高功率</td></tr>
<tr><td>C</td><td>化学沉积膜</td><td>W</td><td>微调</td></tr>
<tr><td>I</td><td>玻璃釉膜</td><td>T</td><td>可调</td></tr>
<tr><td>X</td><td>线绕</td><td>D</td><td>多圈</td></tr>
</table>

例如，一个电阻的型号为：RJ71—0. 125—5. 1KⅠ，其中：

R：（主称）电阻器

J：（材料）金属膜

7：（特征）精密

1：（序号）1

0. 125：（额定功率）1/8W

5. 1k：（标称阻值）5. 1kΩ

Ⅰ：（允许误差）Ⅰ级，±5%

即该电阻为精密金属膜电阻器，额定功率为 1/8W，标称阻值为 5. 1kΩ，允许误差为 ±5%。

由于从国外引进一些电阻器和电位器的生产线，电阻器、电位器的不断发展，有些命名要参考厂家产品介绍。

2. 电阻器的标称值

工厂生产和市售的电阻器其阻值是有一定规范的，并非任意阻值都有，普通电阻器的标称值见表6-2。

表6-2 电阻器的标称值

E24 允许偏差 ±5%	E12 允许偏差 ±10%	E6 允许偏差 ±20%	E24 允许偏差 ±5%	E12 允许偏差 ±10%	E6 允许偏差 ±20%
1.0	1.0	1.0	3.3	3.3	3.3
1.1			3.6		
1.2	1.2		3.9	3.9	
1.3			4.3		
1.5	1.5	1.5	4.7	4.7	4.7
1.6			5.1		
1.8	1.8		5.6	5.6	
2.0			6.2		
2.2	2.2	2.2	6.8	6.8	6.8
2.4			7.5		
2.7	2.7		8.2	8.2	
3.0			9.1		

注：E24 系列由于精度高，故分挡细，而 E12、E6 系列由于精度低，故分挡粗。实际使用时，应根据阻值、精度、功率的大小等合理选用。

3. 电阻器阻值的标识方法

电阻器的阻值有三种标识方法：直标法、文字符号法和色标法。

（1）直标法　直标法是用阿拉伯数字和单位符号在电阻器的表面直接标示出标称阻值，其允许误差直接用百分数表示，如图6-1所示。

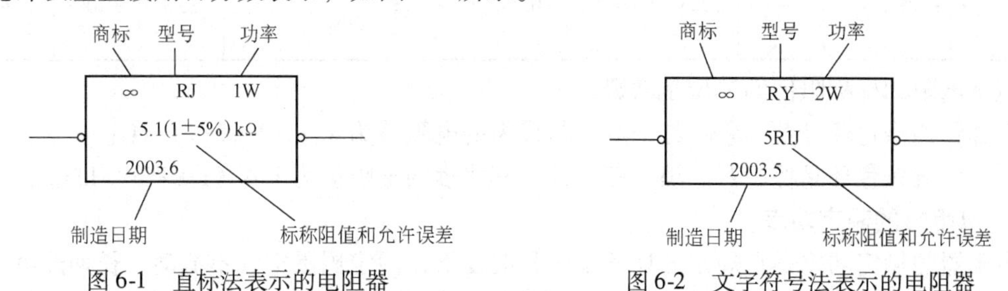

图6-1　直标法表示的电阻器

图6-2　文字符号法表示的电阻器

（2）文字符号法　文字符号法是用阿拉伯数字和文字两者有规律的组合来表示标称阻值，其允许偏差也用文字符号表示。文字符号法用R、K、M、G、T几个英文字母表示电阻值的单位。文字符号法组合规律：符号R（或K、M等）前面的数字表示整数阻值，后面的数字依次表示第一位小数阻值和第二位小数阻值。如R12表示0.12Ω；3R2表示3.2Ω；2k7Ω表示2.7kΩ；8G2表示8.2GΩ（8200MΩ）。各符号所代表允许误差的大小见表6-3。

表 6-3 各符号代表允许误差的大小

文字符号	允许误差	文字符号	允许误差
B	±0.1%	J	±5%
C	±0.25%	K	±10%
D	±0.5%	M	±20%
F	±1%	N	±30%
G	±2%		

（3）色标法　色标法是用不同颜色的色环或点在电阻器表面标出标称阻值和允许偏差，如图 6-3 所示。色标由左向右排列，由密的一端读起。普通电阻器用 4 条色环表示标称阻值和允许偏差，第 1 条、第 2 条色环表示电阻的第一、第二位数值，第 3 条色环表示第二位数后面零的个数（即 10 的倍率），第 4 条色环表示允许偏差。精密电阻器用 5 条色环表示标称阻值和允许偏差，其中第 1 ~ 3 条色环表示阻值的第一、第二、第三位数值，第 4 条色环表示 10 的倍率，第 5 条色环表示允许偏差，色环颜色代表的数值见表 6-4。

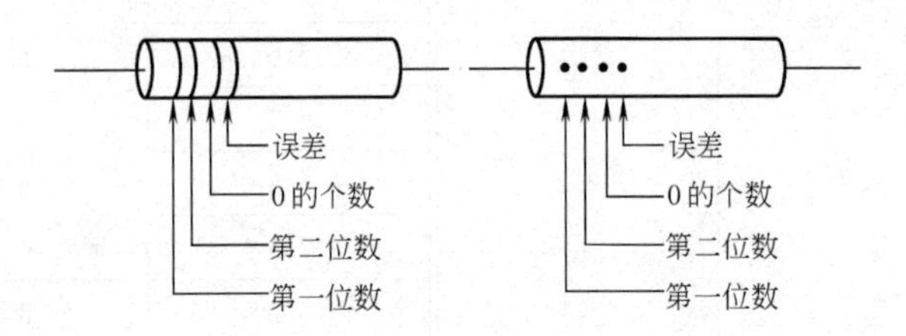

图 6-3　电阻的色标表示法

表 6-4　色标颜色所代表数值意义

颜色	棕	红	橙	黄	绿	蓝	紫	灰	白	黑	金	银	底色
数值	1	2	3	4	5	6	7	8	9	0			
误差	±1%	±2%	—	—	±0.5%	±0.2%	±0.1%	—	+50% -20%	—	±5%	±10%	±20%

以上电阻的标称阻值的单位是欧姆。

例如：四条色环是黄、紫、红、金，其代表的电阻值为 4.7（1 ±5%）kΩ。

五条色环是棕、黄、黑、棕、棕，其代表的电阻值为 1.4（1 ±1%）kΩ。

4. 电阻器的额定功率

电阻器的额定功率是在规定的环境温度和湿度下，假定周围空气不流动，长期连续负载而不损坏或基本不改变性能的情况下，电阻器上允许消耗的最大功率。当超过额定功率时，电阻器的阻值将发生变化，甚至发热烧毁。为保证安全使用，一般应选用额定功率比它在电路中消耗的功率高 1 ~ 2 倍。

绕线电阻器的额定功率分为：0.05W、0.125W、0.5W、1W、2W、4W、8W、10W、16W、25W、40W、50W、75W、100W、150W、250W、500W；非绕线电阻器的额定功率分为：0.05W、0.125W、0.25W、0.5W、1W、2W、5W、10W、25W、50W、100W。

5. 最高工作电压

线性电阻器的主要性能指标除了额定功率、标称阻值和允许误差外，还有最高工作电压。最高工作电压是电阻器最大电流密度、电阻体击穿及其结构等因素所规定的工作电压限度。对阻值较大的电阻器，当工作电压过高时，虽功率不超过规定值，但内部会发生电弧火花放电，导致电阻变质、损坏。一般 1/8W 炭膜电阻或金属膜电阻最高工作电压不能超过 150V 或 200V。

6. 电阻的简单测量

电阻的测量方法很多，常用的方法是用万用表的欧姆挡测量或用电桥测量，一般多用万用表测量。注意：用万用表测量电阻时，不能用双手捏电阻两端，以免将人体电阻并联进去。

7. 电位器的读值

电位器的阻值可以从零连续变到标称阻值，它有三个引出接头，两端接头的阻值就是标称阻值。中间接头可随轴转动，使其与两端头间的阻值改变。电位器的型号、标称阻值、功率等都印在电位器外壳上。

标称值读数：第一、第二位数值表示电阻的第一、第二位数，第三位表示倍乘数 10^n。

例如：204　$20 \times 10^4 = 200\text{k}\Omega$

　　　105　$10 \times 10^5 = 1\text{M}\Omega$

6.2 电容器

电容器是一种储能元件，在电路中用于调谐、滤波、耦合、旁路和能量转换等。

1. 电容器的分类

按照电容器容量是否可变，电容器可分为固定电容和可变电容两大类。按照电容器是否有极性，可将电容器分为有极性电容和无极性电容两大类。极性电容中，用的最多的是电解电容；无极性电容中，用的最多的是瓷片电容。

(1) 电解电容　电解电容的优点是：容量大、体积小、耐压高，一般是在 500V 以下，常用于交流旁路和滤波。电解电容的缺点是：容量误差大，且随频率而变动，绝缘电阻低。电解电容有正负之分，长脚的一端为正（没有负号），短脚的一端为负（有负号）。使用时要注意不能接反。若接反，电解作用会反向进行，氧化模很快变薄，漏电流急剧增加。如果所加的直流电压过大，则电容器很快发热，甚至会引起爆炸。

单相电机的电解电容是无极性的，这是一种特殊的电解电容。

(2) 瓷片电容　瓷片电容以高介电常数、低损耗的陶瓷材料为介质，故体积小，损耗小，温度系数小，可工作在超高频范围，但耐压较低，一般有 60～70V，容量较小，一般为 1～100pF。为克服容量小的缺点，现采用了铁电陶瓷和独石电容，它们的容量分别可达到 680pF～0.047μF 和 0.01μF 至几微法，但其温度系数大，损耗大，容量误差大。

其他电容在电子技术领域用的不多，这里不作介绍。

2. 电容器型号命名方法

国家标准中规定了电容器型号命名方法，产品型号由四个部分组成。

例如：

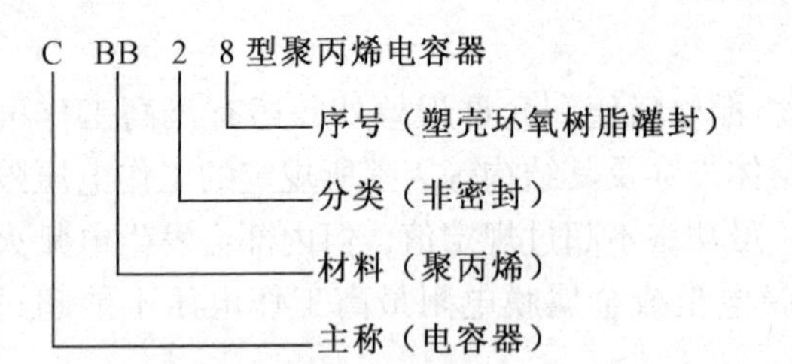

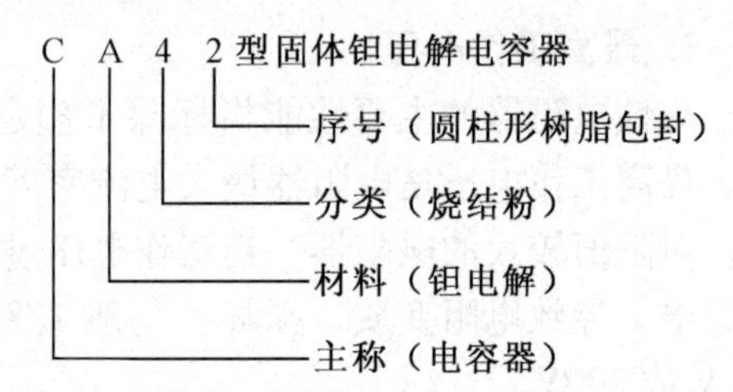

第一部分表示电容器的主称，以字母 C 表示；第二部分用字母表示电容器的介质材料，见表 6-5。第三部分表示产品型号的分类，见表 6-6。第四部分表示元件序号。

表 6-5 电容器介质材料与字母的对应关系

字母	介质材料	字母	介质材料	字母	介质材料
A	钽电解	H	纸膜复合	Q	漆膜
B	聚苯乙烯等非极性薄膜	I	玻璃釉	ST	低频陶瓷
C	高频陶瓷	J	金属化纸介	VX	云母纸
D	铝电解	L	聚酯等极性有机薄膜	Y	云母
E	其他材料电解	N	铌电解	Z	纸
G	合金电解	O	玻璃膜		

注：1. 用 B 表示除聚苯乙烯外其他非极性有机薄膜时，在 B 后再加一字母区分具体材料，例如聚四氟乙烯用“BF”表示，聚丙烯用“BB”表示等。区分具体材料的字母由型号管理部门确定。

2. 用 L 表示除聚酯外其他有机薄膜材料时，在 L 后再加上一个字母区分具体材料，例如：“LS”表示聚碳酸酯，区分具体材料的字母由型号管理部门确定。

表 6-6 电容器产品型号分类方法

用数字表示产品的分类				
数字	瓷介电容器	云母电容器	有机电容器	电解电容器
1	圆形	非密封	非密封	箔式
2	管形	非密封	非密封	箔式
3	叠片	密封	密封	烧结粉，非固体
4	独石	密封	密封	烧结粉，固体
5	穿心		穿心	
6	支柱等			
7				无极性
8	高压	高压	高压	
9			特殊	特殊

用字母表示产品的分类			
字母	电容器	字母	电容器
G	高功率	W	微调
T			

3. 电容器容量的标识

（1）直标法　直标法是指直接在电容器外表标出产品的主要参数和技术性能。一般电解电容都直接写出其容量和耐压值。瓷片电容则多用数字来标出容量，如瓷片电容上标出

“332”三位数字，前两位数字给出电容量的第一、第二位数字，第三位数字则表示附加上零的个数（即10的倍率），以pF做单位。因此，“332”表示电容量位3300pF；又如“104”表示100000pF，即0.1μF。

（2）文字符号法　文字符号法表示电容器见表6-7和表6-8。

表6-7　标称电容量的标志

标称电容量	文字符号	标称电容量	文字符号	标称电容量	文字符号
0.332pF	P332	10nF	10n	332μF	332μ
1pF	1p0	33.2nF	33n2	1mF	1m0
3.32pF	3p32	100nF	100n	3.32mF	3m32
10pF	10p	332nF	332n	10mF	10m
33.2pF	33p2	1μF	1μ0	33.2mF	33m2
100pF	100p	3.32μF	3μ32	100mF	100m
332pF	332p	10μF	10μ	332mF	332m
1nF	1n0	33.2μF	33μ2	1F	1F0
3.32nF	3n32	100μF	100μ	3.32F	3F32

表6-8　标称容量允许偏差的文字符号

允许偏差/%	文字符号	允许偏差/%	文字符号	允许偏差/%	文字符号
±0.001	Y	±0.5	D	+100　-0	H
±0.002	X	±1	F	+100　-10	R
±0.005	E	±2	G	+50　-10	T
±0.01	L	±5	J	+30　-10	Q
±0.02	P	±10	K	+50　-20	S
±0.05	W	±20	M	+80　-20	Z
±0.1	B	±30	N	不规定　-20	不标记
±0.25	C				

（3）色标法　色标法是指以不同颜色的色环或点在电容体上标出产品的主要参数，这种方法类似于电阻色标法，具体情况见表6-9和如图6-4所示。

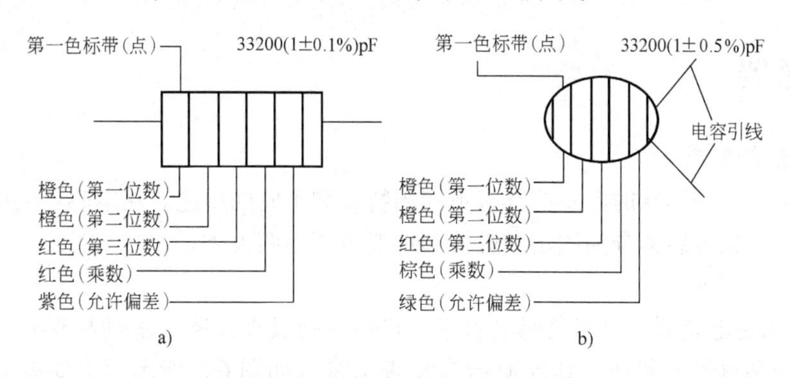

图6-4　色环法标识电容量示例

电容器色标示例如图6-4所示，其中图a的电容器的容量为33200pF，误差为±0.1%；

图 b 的电容器的容量为 3320pF，误差为 ±0.5%。

表 6-9 色环的含义

颜色	有效数字	乘数	允许偏差（%）	工作电压/V	颜色	有效数字	乘数	允许偏差（%）	工作电压/V
银	—	10^{-2}	±10	—	绿	5	10^{5}	±0.5	32
金	—	10^{-1}	±5	—	蓝	6	10^{6}	±0.25	40
黑	0	10^{0}	—	4	紫	7	10^{7}	±0.1	50
棕	1	10^{1}	±1	6.3	灰	8	10^{8}	—	63
红	2	10^{2}	±2	10	白	9	10^{9}	+50 −20	—
橙	3	10^{3}	—	16	本	—	—	±20	—
黄	4	10^{4}	—	25					

4. 电容器的额定工作电压

额定工作电压是指电容器在规定的工作温度范围内，长期、可靠地工作所能承受的最高电压，常用固定电容器的直流工作电压系列分为：6.3V、10V、16V、25V、40V、63V、100V、160V、250V、400V。选择电容器时，除了考虑电容量外，还要考虑电容器的额定工作电压，不能低于在电路中实际承受的电压值。

5. 绝缘电阻

绝缘电阻是加在电容器上的直流电压与通过它的漏电流的比值，绝缘电阻一般应在 5000MΩ 以上。

6. 电容器质量优劣的简单测试

通常用指针式万用表的欧姆挡就可以简单测量出电解电容的优劣情况，粗略地判断其漏电、容量衰减或失效的情况。具体方法是：选用 $R\times1\text{k}$ 挡，将黑表笔接电容器的正极，红表笔接电容器的负极，若表针摆动大，且返回慢，返回位置接近∞，说明该电容器正常，且容量大；若表针摆动虽大，但返回时表针显示的欧姆值较小，说明该电容器的漏电较大；若表针摆动很大，接近于 0，且不返回，说明该电容器已击穿；若表针不摆动，则说明该电容器已开路，失效。

如果电容器的容量较小，应选择万用表 $R\times10\text{k}$ 挡测量。

6.3 电感器

1. 电感器的分类

不同种类、不同形状的电感器具有不同的特点和不同的用途。从电感器的电感量是否可变的角度，可以把电感器分为固定电感器和可变电感器两大类。

（1）固定电感器

1）小型固定电感器。也叫色码电感器。它是用铜线直接绕在磁性材料骨架上，然后再用环氧树脂或塑料封装起来。其外形结构和表示符号如图 6-5 所示，主要有立式和卧式两种。这种电感器的特点是体积小，重量轻，结构牢固，安装方便，被广泛应用于收录机、电视机等电子产品中。

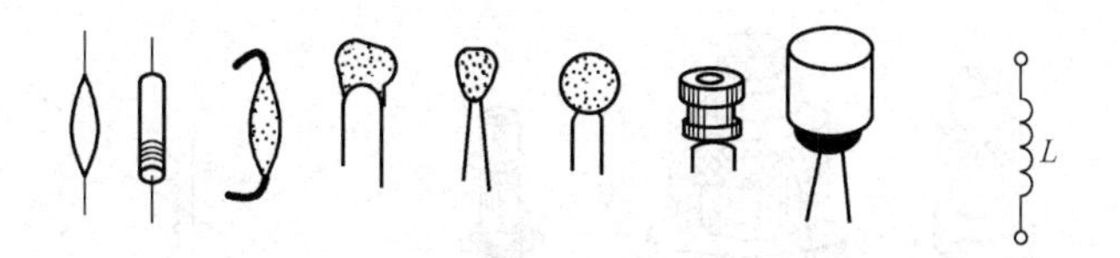

图 6-5 小型固定电感器的外形及表示符号

小型固定电感器的电感量较小，一般在 0.1μH ~ 100mH 之间，误差等级有 Ⅰ级（±5%）、Ⅱ级（±10%）、Ⅲ级（±20%），Q 值范围一般在 30 ~ 80 之间，工作频率约为 10kHz ~ 200MHz，额定工作电流常用 A、B、C、D、E 等字母表示，所对应的最大工作电流分别为 50mA、150mA、300mA、700mA 和 1600mA。

2）空心线圈。空心线圈是用导线直接在骨架上绕制而成的。其线圈内没有磁性材料做成的磁心或铁心，有的线圈甚至没有骨架。其外形和表示符号如图 6-6 所示。这种线圈由于没有铁心、磁心，故电感量一般很小，通常只用在高频电路中。

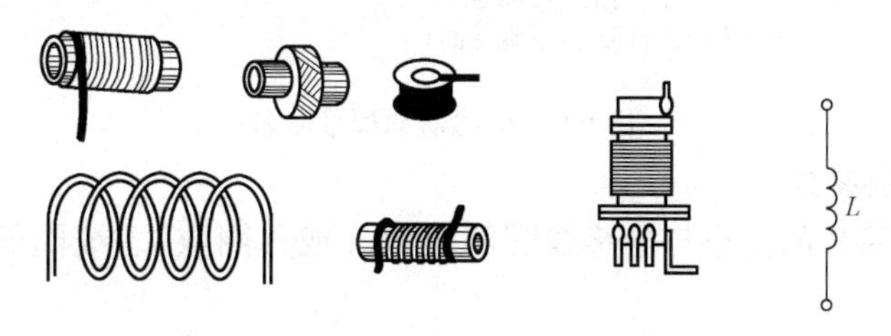

图 6-6 空心线圈的外形及表示符号

3）扼流圈。扼流圈可分为高频扼流圈和低频扼流圈两类。在电工及电气测量中用的很少，这里不作介绍。

（2）可变电感器

1）可变电感线圈。也叫磁心线圈，其外形和表示符号如图 6-7 所示。它是在线圈中插入磁心，并通过调节其在线圈中的位置来改变电感量的。可变电感线圈的特点是体积小，损耗小，分布电容小，电感量可在所需的范围内调节，如收音机中的磁棒天线就是可变电感器。

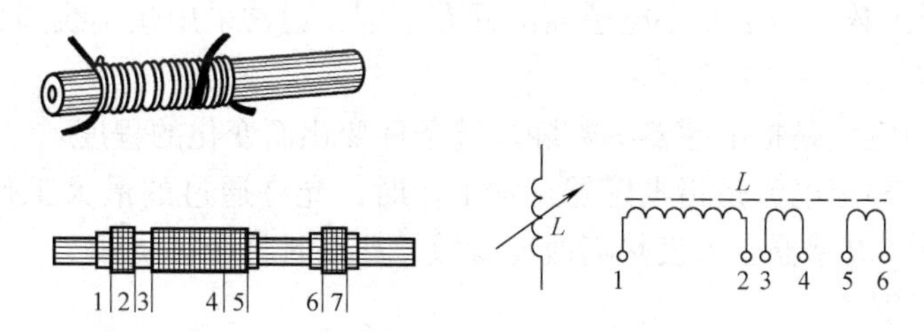

图 6-7 可变电感线圈的外形及表示符号

2）微调电感线圈。微调电感线圈在线圈中间装有可调节的磁帽或磁心，其外形和表示符号如图 6-8 所示。通过旋转磁帽可以调节磁心或磁帽在线圈中的位置，从而改变电感量。

2. 电感器的型号及命名方法

电感器的命名目前采用汉语拼音或阿拉伯数字串表示。电感器的型号命名如图 6-9 所示，包括四个部分，如 LGX 表示小型高频电感器。

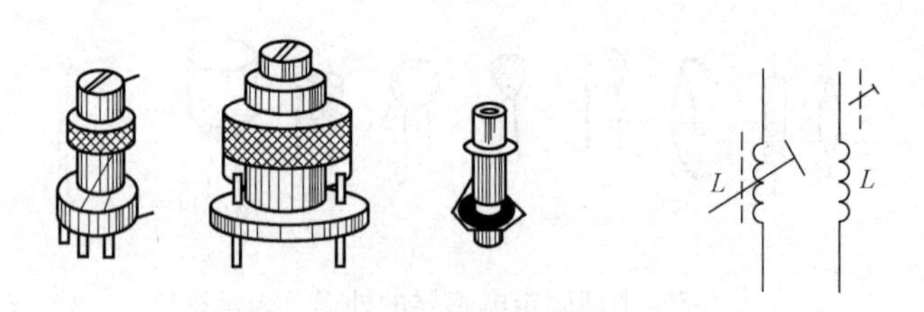

图 6-8　微调电感线圈的外形及表示符号

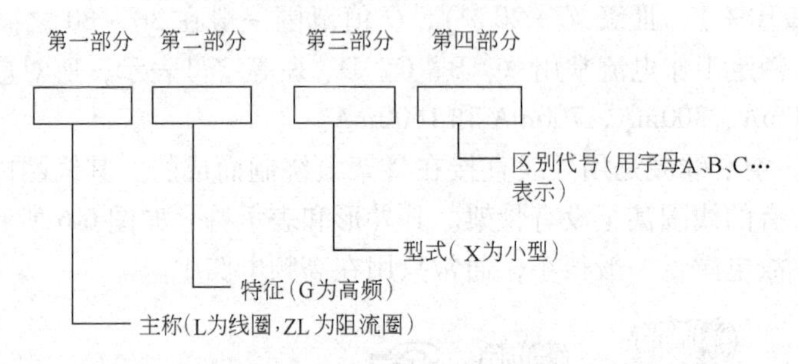

图 6-9　电感器的型号命名

3. 电感器的主要参数

1）电感量。电感量的大小与电感线圈的匝数（或称圈数）、线圈的截面积及内部有无铁心、磁心有关。

电感量和标称值之间存在一定的误差。使用时，应根据电路对电感器的要求，选择相应的精度。例如，振荡电路对线圈的要求较高，误差范围一般为 0.2% ~0.5%；而起耦合、阻流作用的线圈要求相对较低，允许误差为 10% ~20%。

2）品质因数（Q）。品质因数是表示电感量质量的主要参数，也称作 Q 值。通常，Q 值越大越好。但实际上，Q 值无法做得很高，一般在几十到几百之间。在实际应用中，谐振电路要求线圈的 Q 值要高，这样，线圈的损耗小，能提高工作性能；用于耦合的线圈，其 Q 值可以低一些；若线圈用于阻流，则基本上不作要求。

3）固有电容。电感器因结构的原因存在固有电容。由于固有电容的存在，降低了电感器的稳定性和品质因数。为了减小电感器的固有电容，通常采用减小线圈骨架、导线直径以及改变绕法等措施。

4）稳定性。稳定性是指电感器参数随环境条件变化而变化的程度。

5）额定电流。额定电流是指电感器正常工作时，允许通过的最大工作电流。若工作电流大于额定电流时，电感器会因发热而改变参数，严重时将会被烧毁。

4. 电感器的识别

目前，我国生产的固定电感器一般采用直标法，而国外的电感器常采用色环标志法。

1）直标法。直标法是将电感器的主要参数，如电感量、误差等级、最大工作电流等用字符直接标注在电感器的外壳上，如图 6-10 所示。

例如，电感器的外壳上标有 3.9mH、A、Ⅱ，表示其电感量为 3.9mH，误差为Ⅱ级（±10%），最大工作电流为 A 级（50mA）。

2）色标法。色标法是指在电感器的外壳上用不同的色环来标注其主要参数，如图 6-11 所示，其读法以及数字与颜色的对应关系和色环电阻的标志法相同，单位为微亨（μH）。

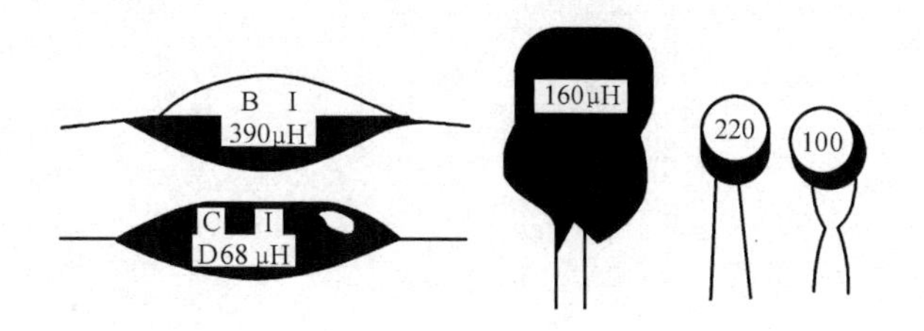

图 6-10　小型固定电感器的直标法标识

例如，某电感器的色环标志依次为：棕、红、红、银，则表示其电感量为 $12\times10^{2}\mu H$，允许误差为 ±10%。

5. 电感器的测量

在测量和使用电感器之前，应先对电感器的外观、结构进行仔细的检查，判断基本正常后，再用万用表或专用仪器作进一步的测量。常用的测量方法有：

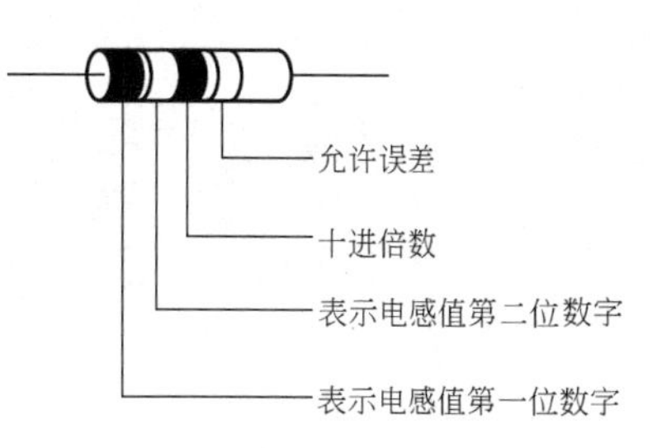

图 6-11　小型固定电感器的色标法标志

1）用万用表粗测电感器的好坏。利用万用表的欧姆挡可以测量电感器线圈的直流电阻。若测量出一定的阻值并且在正常范围内，说明该电感器正常；若测得的阻值为无穷大，说明内部线圈开路，电感器已损坏；若测得的阻值偏小或阻值为零，说明内部线圈有短路现象。

有些型号的万用表具有测量电感器的功能，可以直接测出电感量的大小。

2）用电流电压法测量电感值。该法适用于低频大电感量的测量，其测试电路如图 6-12 所示。L_x 表示待测电感，r 表示待测电感的等效电阻，R 为串联的一个辅助电阻，取 $R\gg r$。利用信号发生器提供一频率在 50Hz 左右的正弦电压 U_i，用万用表测出电阻 R 两端交流电压的有效值 U_R 及电感两端交流电压的有效值 U_{Lr}，则被测电感 L_x 可近似用下式计算：

$$L_x = \frac{U_{Lx}R}{2\pi f U_R} \tag{6-1}$$

例如，如果取 $R=3.14k\Omega$，调节信号源输出电压，使 $U_R=10V$，带入上式，可得

$$L_x = \frac{U_{Lx}\times3.14\times10^3}{2\times3.14\times50\times10} = U_{Lr} \tag{6-2}$$

表明此时被测线圈的电感量刚好等于线圈两端电压降的数值。假如测得 U_{Lr} 为 5.5V，则被测电感量就为 5.5H。

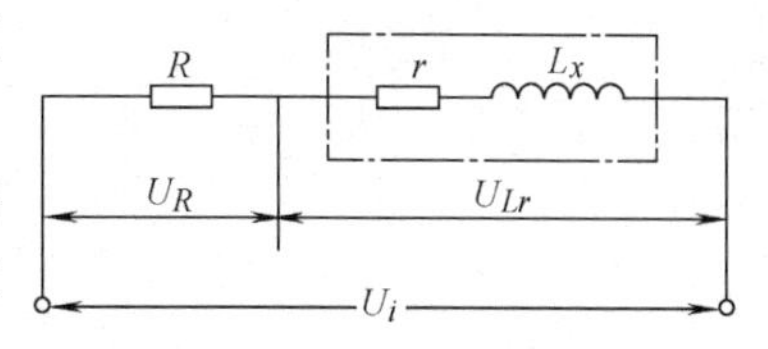

图 6-12　电流电压法测量电感

3）用谐振法测量电感值。该法是利用 LC 串联谐振电路或 LC 并联谐振电路，先测出谐振频率，然后按照下式计算电感量：

$$L_x = \frac{1}{(2\pi f_0)^2C} \tag{6-3}$$

由于线圈固有电容等因素的影响，该法测得的电感值要比线圈的实际值略大些。

4）用 Q 表测量电感值和 Q 值。Q 表是检测电感器的电感量和品质因数的专用仪器，测量范围约在 0.1μH ~ 100mH 之间。实际应用时，可根据实际情况，选择合适的测量方法。

第3篇 电工及电气测量技术实训

第7章　电工及电气测量技术基本实训

实训1　直流电路的认识、电位电压的测量

一、相关知识

1. 电阻的串联与并联

几个电阻串联时，各电阻中通过的是同一电流值，各电阻上的电压与电阻值成正比，其等效电阻为 $R = R_1 + R_2 + \cdots + R_n$。

几个电阻并联时，每个电阻两端电压相同，流过各电阻中的电流与电阻值成反比，其等效电阻为 $1/R = 1/R_1 + 1/R_2 + \cdots + 1/R_n$。

2. 电路中各点电位的测试

测试电位首先要选取参考点，电路中参考点的电位一般设为零（接地点）。以参考点的电位值作为标准之后，其余各点的电位才能确定。当参考点选定后，各点电位就是一个固定值，这就是电位的单值性。测量时，电压表正向偏转为正（+），反向偏转为负（-），若为负值，需将正负表笔调换，所测得数值为负值。

二、实训目的

1）理解等效电阻的概念，掌握电阻串联、并联电路中电压、电流的分配关系。

2）掌握电路中各点电位的测量方法。

3）学习常用仪器仪表的使用方法，建立有效数字的概念。

三、实训仪器设备

序号	名称	规格	数量
1）	直流电压表	0～10V～20V	1块
2）	直流电流表	7.5mA～30A（12挡）	1块
3）	万用表	500改进型	1块
4）	直流稳压电源	0～30V 1.5A	2组
5）	电阻箱	0～9999Ω	1个
6）	滑线电阻	0～120Ω　0～200Ω	各1个
7）	电阻	50Ω、100Ω、200Ω、300Ω	各1个
8）	开关		1个

四、实训内容与步骤

1. 串联电路的测量

1）按图7-1连接电路，检查无误后接通开关。

2）用电压表依次测量图7-1串联电路中每个电阻两端的电压并记录于表7-1中。

3）断开电源，用万用表欧姆挡测量串联电阻的总电阻值，记录于表 7-1 中。

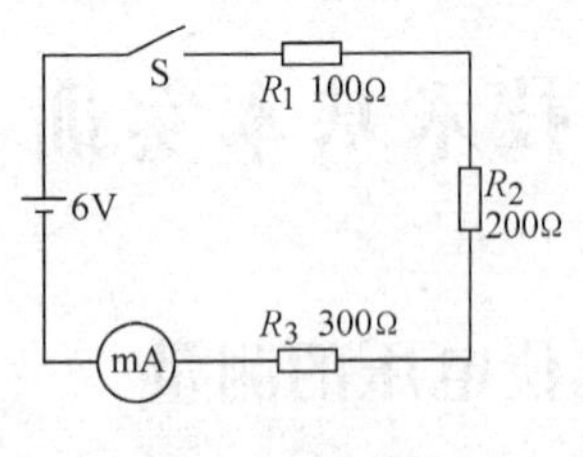

图 7-1　电阻串联

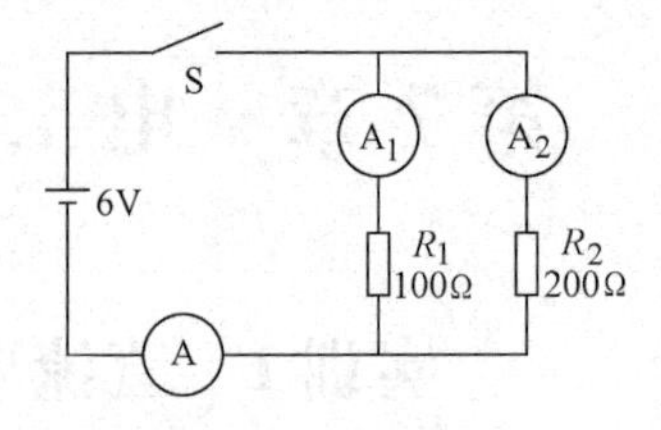

图 7-2　电阻并联

2. 并联电路的测量

1）按图 7-2 连接电路，检查无误后接通开关。

2）用电流表测量图 7-2 中每个电阻中流过的电流，记录于表 7-1 中。

3）断开电源，用万用表欧姆挡测量并联电路的等效电阻，记录于表 7-1 中。

表　7-1

接法＼数值	给定值				计算值					测量值			
串联	R_1	R_2	R_3	U	U_{R1}	U_{R2}	U_{R3}	I	U	U_{R1}	U_{R2}	U_{R3}	R
	100	200	300										
并联	R_1	R_2		U	I	I_1	I_2		U	I	I_1	I_2	R
	100	200											

注：电阻单位为欧姆（Ω），电压单位为伏特（V），电流单位为毫安（mA）。

3. 电路中某点电位的测量

1）按图 7-3 连接电路，选取 e 点为电路的参考点（零点），依次测出 a、b、c、d、e 各点的电位，记录于表 7-2 中。

2）按 $abcde$ 环绕方向，依次测出 U_{ab}、U_{bc}、U_{cd}、U_{de}、U_{ea}的电压值，亦记录于表 7-2 中。

3）再选取 b 点为电路的参考点，重复步骤 1）及步骤 2），将测得数据记录于表 7-2 中。

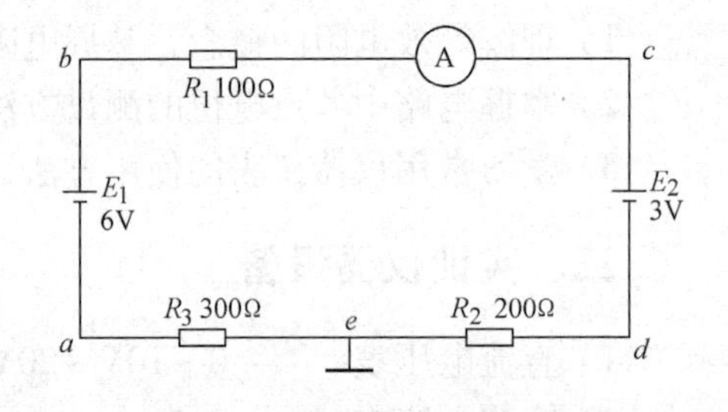

图 7-3　电位电压测试电路图

表　7-2

参考点＼数值	电位测量值					电压测量值					
	V_a	V_b	V_c	V_d	V_e	U_{ab}	U_{bc}	U_{cd}	U_{de}	U_{ea}	ΣU
e											
b											

注：电压单位为伏特（V）。

五、实训分析与讨论

1）根据电路中给定数据进行计算，将计算结果与测量数据比较，看是否一致，如不一致，试分析误差。

2）在串联电路中，串入两只灯泡与串入三只灯泡，每只灯泡亮度有什么不同？为什么？

3）试举几个生活中电路串、并联的例子，民用照明电路是串联还是并联，为什么？

六、注意事项

1）直流电压表、电流表极性不能接错，若接错指针反偏应立即断开电源，将正、负端对调。

2）万用表使用必须将转换开关旋到相应的挡位上。测电压时切不可用电流挡和电阻挡，否则，会将万用表损坏。

3）晶体管稳压电源使用时严禁输出端短路，也不能像电池那样作反电动势使用。

实训 2　实际电源的外特性

一、相关知识

1）电源端电压 U 与其输出电流 I 之间的关系曲线，称为电源的外特性曲线，简称外特性。

2）理想电压源的端电压 U 为一定值，它与输出电流无关，输出电流的大小由外接电路决定。其外特性为一平行于 I 轴的直线，如图 7-4 所示中的直线 1。

3）实际的直流电压源总有一定的内阻，因而端电压 U 将随输出电流的变化而变化，它们的关系式为

$$U = U_S - R_i I$$

它的外特性如图 7-4 中直线 2，内阻 R_i 越大，θ 角也越大。

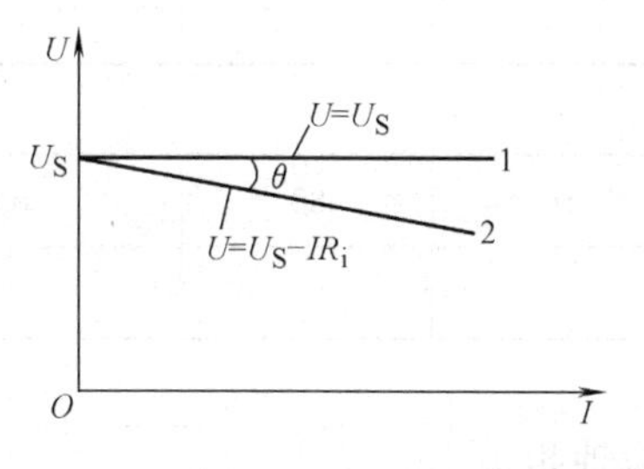

图 7-4　直流电压源的外特性

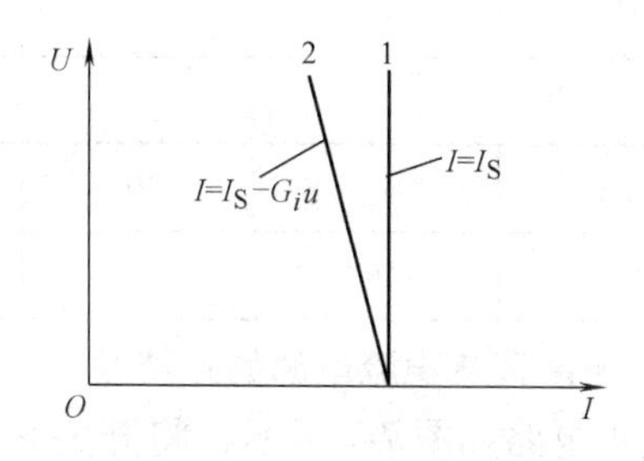

图 7-5　直流电流源的外特性

4）理想电流源的输出电流 I 为一定值，与其端电压 U 无关，其端电压的高低由外接电路的情况确定。它的外特性如图 7-5 所示中直线 1，即与 U 轴平行的直线。

5）实际电流源都有一定的内电阻 R_i（电导 G_i），输出电流 I 将随端电压 U 的变化而变化，可以用一直流稳流电源和一个内阻 R_i 并联组合来模拟，其特性为图 7-5 中直线 2 所示。外特性关系式为

$$I = I_S - G_i U$$

二、实训目的

1）学习测量实际电源外特性的方法。

2）建立对电流源的感性认识。

三、实训仪器设备

1）直流稳压电源（具有稳定调节能力） 1台
2）直流电流源 1台
3）直流电压表 （0～10～20V） 1块
4）直流电流表 （7.5mA～30A） 1块
5）电阻箱 （0～9999Ω） 1个

四、实训内容与步骤

1. 测量直流稳压电源的外特性

实训电路如图7-6所示，$R_1=200\Omega$，$R_2=300\Omega$，$R_i=22\Omega$，$U_S=10V$。先不接入R_i电阻，即S_i合上，模拟理想电压源。改变R_2的电阻值（由大到小），使电路中的电流如表7-3中所示的值。测量直流稳压电源的电压，将测量值记入表7-3中。然后，串入R_i电阻，改变R_2的电阻值（由大到小），使电路中的电流如表7-4中所示的值，测直流稳压电源的电压，将测量值记入表7-4中。

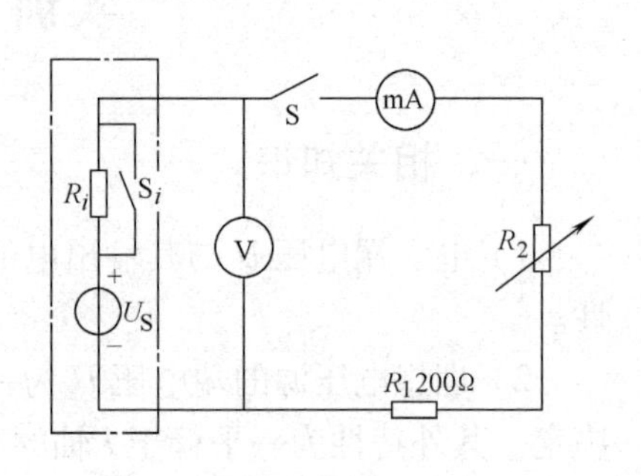

图7-6 直流电压源外特性

表 7-3

I/mA	0	30	40	50	60	70
U/V	10					

表 7-4

I/mA	0	20	40	60	80	100
U/V	10					

2. 测量直流稳流电源的外特性

实训电路如图7-7所示，将开关S断开，即模拟理想电流源，内阻R_i取100Ω。先使直流稳流电源的输出电流为100mA左右，然后改变可变电阻R_L（$R_L=200\Omega$），如表7-5中数值。测量直流稳流电源的端电压，记录于表7-5中。

再将开关S闭合，重复以上测试过程，将测量结果记录于表7-6中。

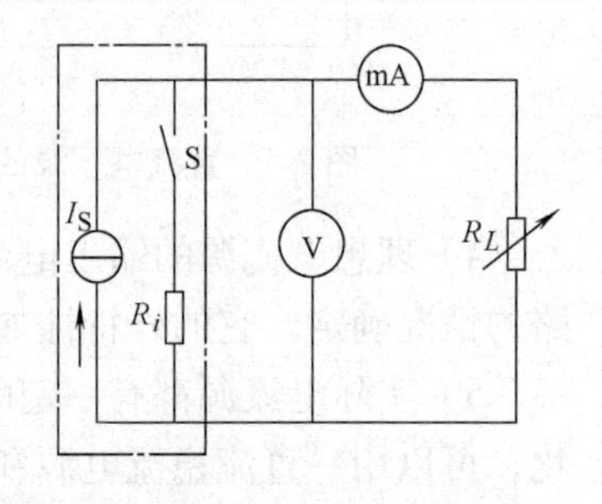

图7-7 直流电流源的外特性

表 7-5

R_L/Ω	0	10	20	30	40	50
I/mA						
U/V						

表 7-6

R_L/Ω	0	10	20	30	40	50
I/mA						
U/V						

五、实训分析与讨论

1）电源的内阻对其外特性有何影响？

2）在图 7-7 中，为什么 R_L 回路中不设开关？当 S 打开时，R_L 值应调在什么位置？

六、注意事项

1）直流稳压电源作电压源时，将稳流旋钮调至最大，开机后，再将“电压调节”旋钮调至需要的电压值。

2）直流稳压电源作电流源时，将稳压旋钮调至最小，开机后，再将“电流调节”旋钮调至需要的数值。

实训 3　基尔霍夫定律

一、相关知识

基尔霍夫定律是研究复杂电路最基本和最重要的定律，它概括了电路中电压和电流分别应遵循的规律。

1）基尔霍夫电流定律（KCL）。任意时刻，对于电路的任一节点（封闭面或封闭网络）而言，流进和流出电流的代数和恒等于零，即

$$\sum I = 0$$

2）基尔霍夫电压定律（KVL）。任意时刻，经电路的任一闭合回路，其电压降的代数和恒等于零，即

$$\sum U = 0$$

3）参考方向。电流和电压的参考方向是作为代数量时的参考方向。用直流电流表测试电流时，假定电流方向后，若从电流表“+”端进，“-”端出，指针正向偏转，则假定与参考方向一致；反之，指针反向偏转，假定方向与参考方向相反，这时，将电流表正负极对调反接，读数记为负值。电压的参考方向又称为参考极性，其意义与电流的参考方向相同。

二、实训目的

1）验证基尔霍夫定律。

2）加深对参考方向的理解。

三、实训仪器设备

1）直流稳压电源　　1 台

2）直流电压表　1 块

3）直流电流表（mA）　1 块

4）开关　1 只

5）电阻 100Ω、200Ω、300Ω　各 2 只

四、实训内容与步骤

1）先将 E_1、E_2 按要求调整到位，然后按图 7-8 接好电路。

2）验证 KCL 定律。接通电源，分别测量三条支路中的电流，若电流表指针反偏，将正、负表笔对调，所测值为负，将所测电流值记入表 7-7 中，并与计算值比较。

3）验证 KVL 定律。接通电源，测量各元件两端的电压，同样注意电压数值的正负，电阻两端的电压与电流参考方向相关联，记录电压值于表 7-8 中。

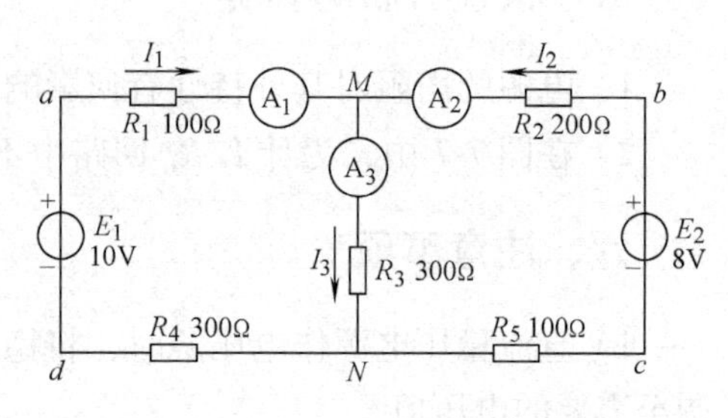

图 7-8　实训电路

表 7-7

参数	I_1/mA	I_2/mA	I_3/mA	$\sum I$
计算值				
测量值				

表 7-8

	U_{R1}/V	U_{R2}/V	U_{R3}/V	U_{R4}/V	U_{R5}/V	E_1/V	E_2/V	$\sum U$
aMNd 回路								
bMNc 回路								

五、实训分析与讨论

1）将实测数据与计算值比较，分析误差的大小及原因。

2）测量时选择的参考方向与实际方向有什么关系？如何处理？

六、注意事项

1）E_1、E_2 的电压值应用高精度电压表测出，不应以面板上粗精度电压表为准。

2）测量时要仔细，在仪表指针与影子重合时，指针所示值为准。

3）用电流表测量一条支路电流时，另外支路处于连通状态。

4）注意电压表和电流表的极性，接线正确，量程选择适当。

实训 4　叠加定理

一、相关知识

在有多个独立电源共同作用的线性电路中，通过每个元件的电流或其两端的电压，可以

看成是由每一个独立源单独作用时在该元件上所产生电流或电压的代数和。

叠加定理是线性方程的可加性，是把复杂电路化为简单几个电路来进行计算，然后对支路的电压或电流相加，得到该支路由几个电源共同作用时的电流或电压。

所谓电路中只有一个电源起作用，是假设其余电源均除去（将理想电压源短接，理想电流源开路)，但是电压源和电流源的内阻仍然要计算。

二、实训目的

1）验证线性电路叠加定理的正确性。

2）加深对线性电路的叠加性的认识和理解。

三、实训仪器设备

1）直流稳压电源 1台

2）直流电流表 1块

3）直流电压表 1块

4）测试电路（亦可自己组成） 1个

四、实训内容与步骤

1）按实训电路图接好电路，如图 7-9 所示，E_1、E_2 电源按要求调整到位。

2）将 E_2 短接，测试只有 E_1 起作用时的各支路电流或电压，记录在表 7-9、7-10 中。

3）将 E_1 短接，测试只有 E_2 起作用时的各支路电流或电压，记录在表 7-9、7-10 中。

4）将 E_1、E_2 均接入电路，再测试各支路的电流或电压，记录在表 7-9、7-10 中。

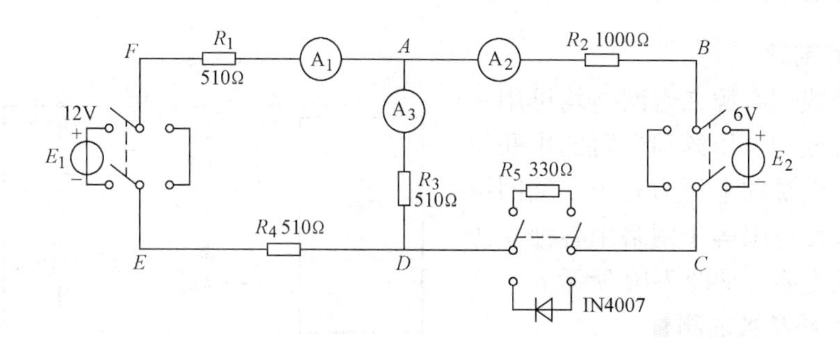

图 7-9　叠加定理测试电路

表　7-9

实训内容 \ 测量项目	E_1 /V	E_2 /V	I_1 /mA	I_2 /mA	I_3 /mA
E_1 单独起作用					
E_2 单独起作用					
E_1、E_2 起作用					

表 7-10

实训内容＼测量项目	E_1 /V	E_2 /V	U_{FA} /V	U_{AB} /V	U_{AD} /V	U_{CD} /V	U_{ED} /V
E_1 单独起作用							
E_2 单独起作用							
E_1、E_2 起作用							

五、实训分析与讨论

1）将实测的数据进行分析得出正确的结论。

2）将实测数据与计算值进行比较，分析误差的原因、大小。

3）测量时选择的参考方向与实际方向有什么关系？如何处理？

六、注意事项

1）E_1、E_2 的电压值应用高精度电压表测出，不应以面板上粗精度电压表为准。

2）测量时要仔细，在仪表指针与影子重合时，指针所示值为准。

3）用电流表测量一条支路电流时，另外支路处于连通状态。

4）注意电压表和电流表的极性，接线正确，量程选择适当。

实训 5　戴维南定理

一、相关知识

1. 戴维南定理

任何一个线性有源二端网络均可用一个对外与其等效的电压源和电阻的串联组合来代替，此电源的电压为有源二端网络的开路电压，此电阻等于网络中各独立源为零时的等效电阻，如图 7-10 所示。

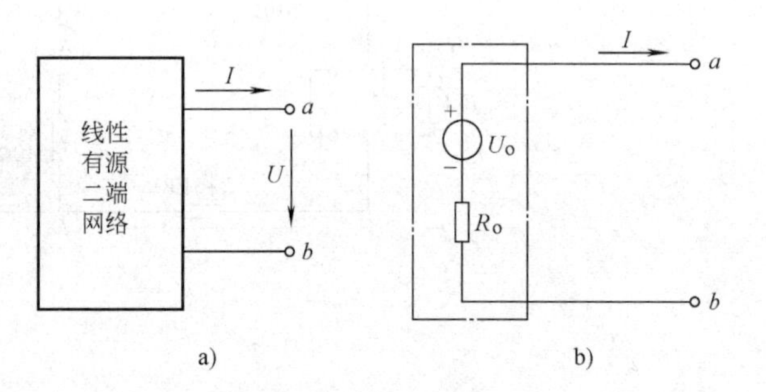

图 7-10　戴维南定理电路

a）有源二端网络　b）戴维南等效电路

2. 等效电路参数的测量

1）测量有源二端网络的开路电压 U_o。当有源二端网络的等效电阻 R_o 与电压表的内阻相比可以忽略不计时，可用电压表直接测量有源二端网络的开路电压 U_o；若被测有源二端网络的等效电源内阻 R_o 比较大，采用补偿法测量结果会比较准确，其接线图如图 7-11 所示。

U_S 为另一直流电源，G 为检流计（用万用表 50mA 挡作检流计亦可），R 为 G 的限流电阻。测量时，合上开关 S，调节电位器，并逐步减小限流电阻 R 的值。当 R 减小到零时，检流计也为零，被测网络相当于开路，此时电压表所示值即为 U_o 的值。

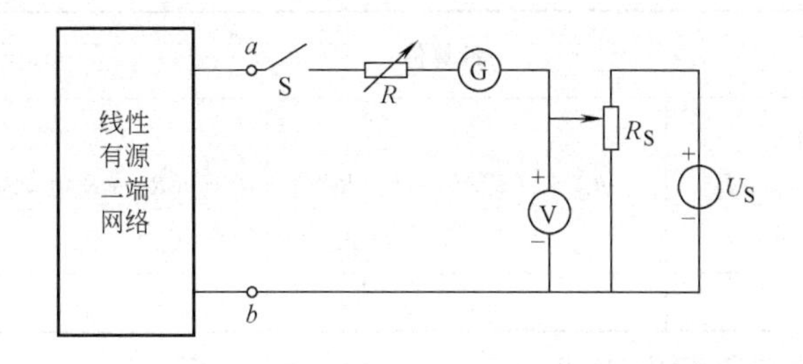

图 7-11 补偿法测开路电压电路

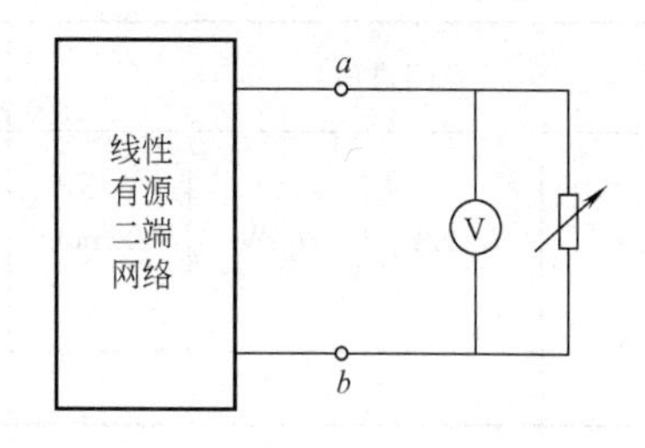

图 7-12 半偏法测量等效内阻电路

2）等效电源内阻 R_o 的测定。可根据具体情况选择开路短路法、电桥法和半偏法。

图 7-12 为半偏法测试电路，调节可调电阻并测试可调电阻两端电压，当可变电阻变小，其电压值为开路电压 U_o 一半时，保持可调电阻值不变，断开电源，测试此时可调电阻的值，即为 R_o，因为

$$R_o=（U_{oc}/U_{rL}-1）R_L，$$

当 $U_{rL}=（1/2）U_{oc}$时，$R_o=R_L$，此为半偏法。

二、实训目的

1）掌握线性有源二端网络参数的测定方法。

2）加深对戴维南定理的认识和理解。

三、实训仪器设备

1）直流稳压电源	1 个
2）直流电压表	1 块
3）直流电流表	1 块
4）万用表	1 块
5）电阻	若干
6）电阻箱　0～9999	1 个

四、实训内容与步骤

1）按图 7-13 接好电路，电流表、电压表选择合适量程，正确接于电路中。

2）闭合开关 S_1，接入负载电阻 $R_L=50\Omega$，断开 S_2，测试 I_L 和 U_L 值，将结果记录于表 7-11 中。

3）断开 S_1、S_2，测试开路电压 U_o；断开 S_1，闭合 S_2，测试此时的短路电流 I_S；将以上结果均记录于表 7-11 中；再用半偏法测试网络内阻 R_{o2}。

4）计算两种方法测取的网络内阻 R_{o1} 和 R_{o2}，并取其平均值 R_o。

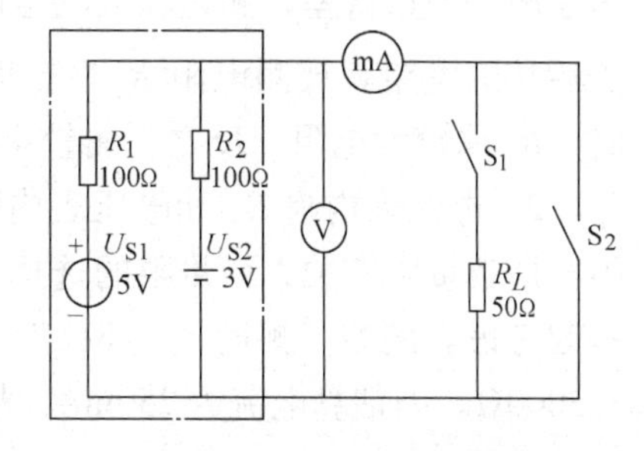

图 7-13 测量开路电压和等效内阻的电路

表　7－11

测量值				计算值		
U_o/V	I_S/mA	U_L/V	I_L/mA	$R_{o1}=U_o/I_S$	$R_{o2}=(U_o/U_L-1)R_L$	$R_o=(R_{o1}+R_{o2})/2$

5）将测得的 U_o、R_o 组成电压源，并与负载电阻 $R_L=50\Omega$ 相连接，如图 7-14 所示。测量电流 I_L 和电压 U_L，将 I_L 和 U_L 与表 5-11 中的 I_L 和 U_L 相比较，以证明戴维南定理的正确性。

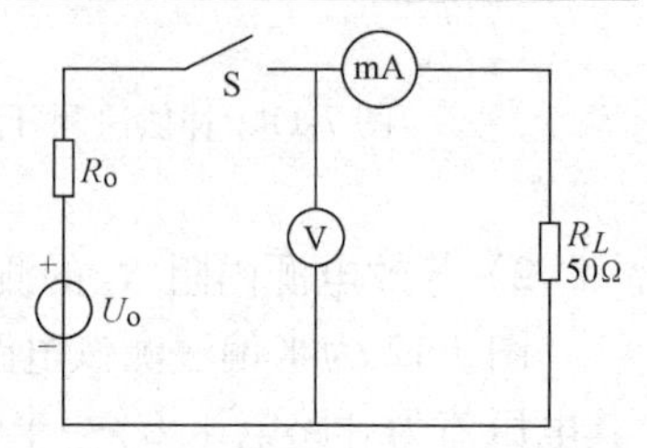

图 7-14　戴维南定理验证电路

五、实训分析与讨论

1）试分析用开路法测定 U_o、R_o 的优点和局限性。

2）试分析 R_o 与电压表的内阻 R_V 相比不能忽略，用什么方法测开路电压 U_o 比较准确？为什么？

六、注意事项

1）开路短路法虽然简单，但不适用于不允许直接短路的有源二端网络。

2）验证戴维南定理应将线性有源二端网络和戴维南等效电路分别接上同一任意的电阻负载。

3）等效电压源有一定内阻，其等效内阻应包括该电阻。

实训 6　电阻的测量（一）

一、相关知识

1）测量电路的选择。用伏安法测量电阻的范围为 $10^{-3}\sim10^5\Omega$。由于电流表的内阻不可能等于零，电压表的内阻不可能等于无穷大，所以接入电流表和电压表后会产生测量误差。为了减小测量误差，测量较大的电阻应采用电压表前接的电路，测量较小的电阻应采用电压表后接的电路。被测电阻 R_x“较大”或“较小”，以与 $\sqrt{R_AR_V}$ 相比为准。当 $R_x>\sqrt{R_AR_V}$ 时，R_x 属较大电阻；反之，属较小。

2）电流表内阻 R_A 和电压表内阻 R_V，由仪表的表面或产品说明书查找。由于仪表的内阻与所选量限有关，而量限的选择又与所加电压有关，所以测量电路的选择要与给定的电压一起考虑。例如，测量 $R_{x1}=8\Omega$ 时，给定电压为 2V，则选电压表量限为 3V，查得其内阻 $R_V=3000\Omega$。因估算电流为 250mA，故选电流表量限为 300mA，查得其内阻 $R_A=0.249\Omega$。计算 $\sqrt{R_AR_V}=86.6\Omega$，故 $R_{x1}=8\Omega$ 属较小电阻。又如测量 $R_{x2}=1\text{k}\Omega$ 时，给定电压为 10V，故查得其内阻 $R_V=10000\Omega$。计算 $\sqrt{R_AR_V}=49.9\Omega$，故 $R_{x2}=1\text{k}\Omega$ 属较大电阻。

3）在电力系统中，测量大型发电机或变压器绕组的直流电阻多采用伏安法。由于大电机绕组的电感量很大，若采用双臂电桥来测其电阻，检流计很难快速稳定，故一般采用伏安法，且选用0.2级仪表，以提高测量结果的准确程度。测量完毕，还要注意先解开电压表，再切断电源，以免损坏电压表。

二、实训目的

1）掌握用伏安法测量电阻。

2）掌握用万用表（欧姆表）测量电阻。

三、实训仪器设备

1）直流稳压电源　1台

2）直流毫安表（0.5级）　1只

3）电阻箱（0.2级）　1只

4）直流电压表（0.5级）　1只

5）电阻器　1只

6）单刀开关　1只

四、实训内容与步骤

1. 验证用伏安法测量电阻的两种电路的适用范围

1）按图7-15接线，电压表正极接1为电压表前接，接2为电压表后接。图中 R_x 是已知电阻，由准确度等级为0.2级或更高的电阻箱取得，其阻值选定两个；$R_{x1}=8\Omega$，作为较小电阻；$R_{x2}=1k\Omega$，作为较大电阻。两个阻值均认为是真值。

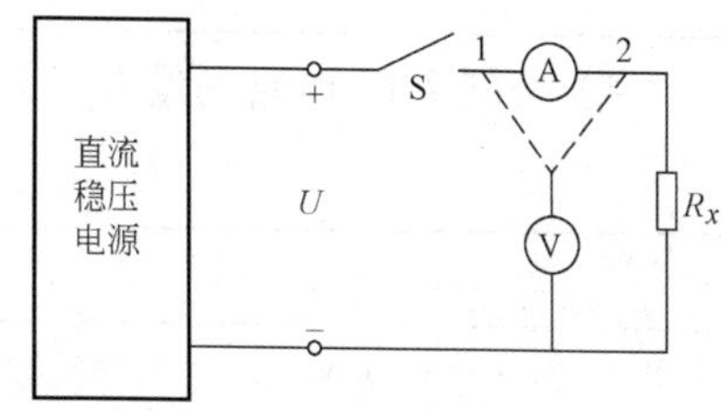

图7-15　用伏安法测量电阻的电路

2）测量8Ω时，电源电压 U 取2V；测量1kΩ时，电源电压 U 取10V。选择电压表和电流表的量限，并查找它们的内阻 R_V 和 R_A，计算 $\sqrt{R_A R_V}$ 填于表7-12。

3）用两种测量电路分别测量 $R_{X1}=8\Omega$ 和 $R_{X2}=1k\Omega$，并以 R_{X1} 和 R_{X2} 为标准电阻，计算测量结果的方法误差（忽略仪表误差），以验证两种测量电路的适用范围，测量数据填于表7-13中。

表　7-12

电源电压	电压表		电流表		计算 $\sqrt{R_A R_V}$	R_x
	量限/V	内阻/Ω	量限/A	内阻/Ω		
2V						
10V						

表 7-13

R_x		8Ω		1kΩ	
电压表接法		前接	后接	前接	后接
测量值	U/V				
	I/A				
计算值	$R_x' = U/I$（Ω）				
	$\gamma =（R'_x - R_x）/R_x \times 100\%$				

2. 伏安法测量未知电阻 R_x

1）先用万用表的欧姆挡粗测电阻器的阻值 R_x。

2）根据电阻器的额定功率确定电源电压 U，要求 $U \leqslant \sqrt{PR_x}$。

3）确定电压表和电流表的量限和内阻，比较 R_x 与 $\sqrt{R_A R_V}$ 的大小，以选择电压表前接或后接的测量电路，数据填于表 7-14。

表 7-14

电压表		电流表	
量限/V	内阻/Ω	量限/V	内阻/Ω
$\sqrt{R_A R_V} =$		应采用电压表____接电路。	

4）按图 7-15 电路测量 R_x，数据填于表 7-15。

表 7-15

U/V	
I/A	
计算结果/Ω	$R_x = U/I$

五、实训分析与讨论

1）根据实训结果分析伏安法测电阻的两种电路的适用范围。

2）对未知数值的待测电阻，如何确定该用伏安法的哪一种测量电路？如何选定电源电压的大小？

六、注意事项

1）伏安法测电阻时，流过被测电阻的电流不允许超过额定值。

2）为减小测量误差，在选用仪表量限和选取直流稳压电源的输出电压值时，应使电压表和毫安表的指示值超过满刻度标尺的一半。

3）所有电表接线应保证被测仪表指针正偏转，同时在断电情况下改换量限。

4）电压表必须采用磁电系指针式仪表。若改用数字电压表，可能得不到正确结果。

实训7　电阻的测量（二）

一、相关知识

1. 电桥

电桥是将被测量与已知标准量进行比较，从而获得测量结果的比较仪器。根据结构的不同可分为以下几种。

1）直流单臂电桥。它用于测量中值电阻（1Ω～0.1MΩ），常用的有QJ23型（0.2级）、QJ24型（0.1级），QJ37型（0.01级）。使用单臂电桥时，应选定倍率，再调节比较臂，当检流计指针指零时，表示电桥处于平衡状态。此时，被测电阻

$$R_x = \text{倍率} \times \text{比较臂读数}$$

2）直流双臂电桥。它用于测量低电阻（1Ω以下），常用的有QJ103型（测量范围为0.001～11Ω、误差为±2%）、QJ44型（0.2级）。使用双臂电桥时，被测电阻R_x必须按四端连接法正确接在C_1、P_1、P_2、C_2四个接线柱上，否则不能达到准确测量小电阻的目的。QJ44型电桥平衡时，被测电阻

$$R_x = \text{倍率} \times (\text{步进读数} + \text{滑线盘电阻})$$

电桥是比较精密的仪器，若使用不当，不仅不能达到应有的准确度，而且容易损坏仪器。为此，使用前一定阅读使用说明，掌握正确的使用方法和注意事项。

2. 兆欧表

兆欧表用于测量绝缘电阻（0.1MΩ以上）和分析绝缘电阻的变化规律。兆欧表的测量机构由磁电系比率表构成，指针直接指示绝缘电阻的数值。

二、实训目的

1）掌握使用直流单臂电桥和双臂电桥及兆欧表。

2）培养阅读设备使用说明的习惯。

三、实训仪器设备

1）直流单臂电桥	1台
2）直流双臂电桥	1台
3）兆欧表	1只
4）万用表	1只
5）电阻器	若干只

四、实训内容与步骤

1. 用电桥测电阻

1）用万用表的欧姆挡粗测两只电阻器的阻值，并核定它们的标称值，填于表7-16中。

2）认真阅读单臂电桥的使用说明，用单臂电桥测量两只电阻器的阻值，记录于表7-16中。并以单臂电桥测得值为实际值，计算标称阻值的相对误差。

表 7-16

电阻器的标称值/Ω	万用表测量			单臂电桥测量			计算电阻器的相对误差
	倍率	面板读数/Ω	测量值/Ω	倍率	比较臂/Ω	测量值/Ω	

3）阅读双臂电桥的使用说明，用双臂电桥测量调压器的电阻值，记录于表 7-17 中。再以错误接法重测电阻值，记录于表 7-17 中。两种接法如图 7-16 所示。

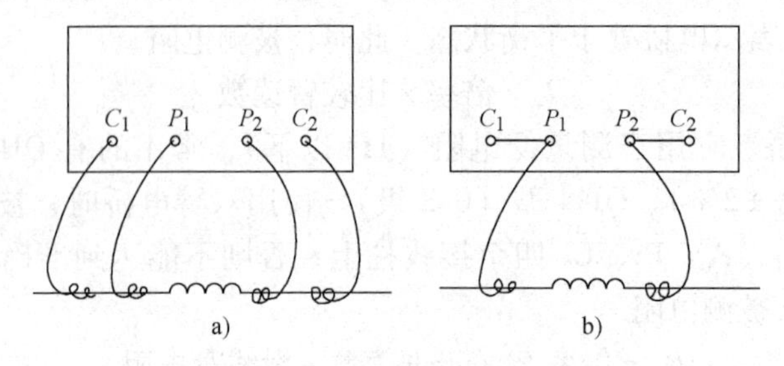

图 7-16　用双臂电桥测量电阻的接法

a）正确接法　b）错误接法

表 7-17

R_x 接入方法	倍率	比较臂/Ω		测量值/Ω
		进步读数	滑线盘读数	
正确				
错误				

2. 用兆欧表测量绝缘电阻

1）测量前先检查兆欧表。将兆欧表放置平稳，使“L”和“E”两个端钮开路，摇动兆欧表至额定转速（120r/min），观察指针是否指在“∞”；然后再将“L”和“E”短接，缓慢摇动手柄，观察指针是否指“0”，若指针不指“0”，说明兆欧表有故障，须经检修后才能使用。

2）将调压器的线圈导体（接线柱）接至兆欧表“L”端钮，外壳接至“E”端钮，摇动兆欧表至额定转速，待指针稳定后再读数，记录于表 7-18。接线时，连接线应选用单股导线，不可用双导线，以免线间绝缘电阻影响测量结果。

表 7-18

测量对象	被测设备额定电压/V	兆欧表额定电压/V	兆欧表读数/MΩ
调压器线圈绝缘电阻			

五、实训分析与讨论

1）单臂电桥测量下列标称值的电阻时，倍率应选多少？

① 2.2Ω ② 22Ω ③ 220Ω ④ 2.2kΩ

2）当单臂电桥的检流计指针向“+”的方向偏转时，应增大还是减小比较臂的电阻？向“-”方向偏转呢？

3）用双臂电桥测量时，如果被测电阻没有专门的电位接头和电流接头，应如何接线？

4）用兆欧表测量绝缘电阻时，“L”和“E”为何不能接反？

5）如何用兆欧表测量三相电动机两相绕组间的绝缘电阻？

六、注意事项

1）使用单、双臂电桥必须按使用说明书或指导老师讲解的操作步骤进行。

2）兆欧表使用亦应按操作规定执行，决不允许手拿“L”、“E”端让其他同学摇动手柄。

3）测试绝缘电阻时，设备必须切除电源后，才能进行测试。

实训 8　荧光灯电路及功率因数的提高

一、相关知识

1. 荧光灯电路的组成

荧光灯电路主要由镇流器、荧光灯管、辉光启动器等组成。当接通电源后，由于荧光灯没有点亮，电源电压全部加在辉光启动器两端，使辉光管内两个电极放电，放电产生的热量使双金属片受热趋向伸直，与固定触头接通。这时荧光灯的灯丝与辉光管内电极、镇流器构成一个回路。灯丝因通过电流而发热，使氧化物发射电子。同时，辉光管内两极电极接通，使两极间电压为零，辉光放电停止，双金属片因温度下降，两电极分离，电极分离瞬间，镇流器线圈两端感应较高电压，连同外加的220V交流电压一起加于灯管两端，使灯管内惰性气体分子电离产生弧光放电，管内温度升高，水银蒸气游离，并猛烈撞击惰性气体分子而放电，同时辐射出不可见的紫外线，紫外线激发灯管壁内的荧光物质发出可见光。

荧光灯点亮后，灯管两端电压较低，不可能使辉光启动器辉光放电再启动，因此，辉光启动器处于断开状态，此时镇流器、灯管构成一个通路。由于镇流器与灯管串联并且感抗很大，因此可以限制和稳定电路的工作电流。

2. 提高功率因数

电感性负载由于电感的存在，在负载与电源间进行能量交换，存在较大的无功功率，因此功率因数较低。提高功率因数就是减小电感性负载与电源间进行交换的无功功率，减小线路中的电流，提高电源带负载的能力。其方法就是在电感性负载的两端并联电容器，从而改善电路功率因数。

二、实训目的

1）掌握荧光灯电路的安装和荧光灯的工作原理。

2）了解提高功率因数的意义和方法。

三、实训仪器设备

1）荧光灯管　220V　20W　　1支
2）镇流器　20W　　1只
3）辉光启动器及附件　　1套
4）交流电流表　0.5A　1A　　2只
5）交流毫安表　250mA　　1只
6）交流电压表　300V　　1只
7）电容器　4.75μF　2μF　450V以上　　各1只
8）开关　　2只

四、实训内容与步骤

1）按荧光灯电路安装荧光灯元件，合上开关将荧光灯点亮。

2）接入功率表、电流表，如图7-17所示。测试功率、电流、将测试值记录于表7-19中，同时测试镇流器、灯管两端的电压亦记录于表7-19中。

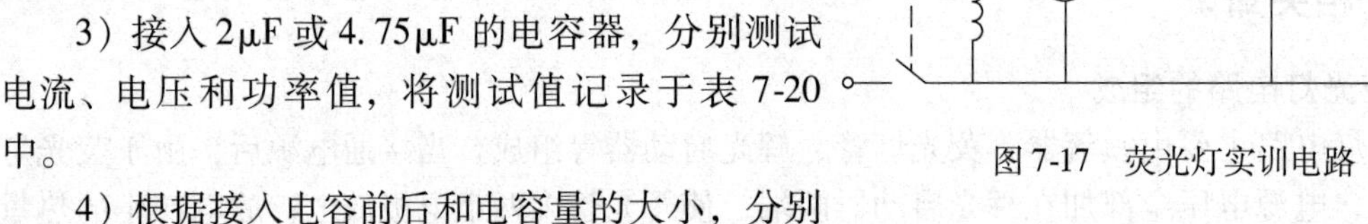

图7-17　荧光灯实训电路

3）接入2μF或4.75μF的电容器，分别测试电流、电压和功率值，将测试值记录于表7-20中。

4）根据接入电容前后和电容量的大小，分别计算不同情况下的cosφ，说明提高功率因数的意义。

表　7-19

项目	测量值					计算值
	U_L	U_R	U	I	P	$\cos\varphi = p/s$
数值						

表　7-20

	测量值					计算值
	U_L	U_R	U	I	P	$\cos\varphi = p/s$
2μF						
4.75μF						

五、实训分析与讨论

1）当荧光灯电路并联电容后，总电流立即减小，根据测量数据说明为什么电容增大到某一值后，总电流也上升了？

2）若荧光灯电路在正常电压作用下不能启辉，如何用万用表查处故障部位？

六、注意事项

1）荧光灯电路要正确连接，镇流器与灯管相串联，以免损坏灯管。

2）荧光灯电路中镇流器、灯管、辉光启动器的功率要符合一致。

3）若用功率表和电流表测量时，荧光灯启动电流较大，启动时可将功率表的电流线圈和电流表短路，防止仪表损坏。

4）实训过程中，身体切不可触及带电部位，以确保安全。

实训 9　电阻、电感、电容元件的伏安特性

一、相关知识

1）在 u、i 参考方向一致的情况下，线性电阻元件 R 上的电压和电流关系式为

$$i = \frac{u}{R}$$

即电流与电压成正比，同直流电路中的情况一样。

2）在 u、i 参考方向一致的情况下，线性电感元件 L 上的电压和电流关系式为

$$u = L\frac{\mathrm{d}i}{\mathrm{d}t}$$

从上式可看出，电感元件是一个动态元件，它在电路中显示的性质和通过元件电流的变化率有关。当电流不随时间变化时，它两端的电压为零。因此电感元件在直流电路中相当于短路。如果电感元件接在正弦交流电中，则它动态性质表现为感抗（$X_L = \omega L = 2\pi fL$）的形式。感抗与频率成正比，表明电感元件在电路中通常用作接通直流和低频信号，而阻碍高频信号通过。

3）在 u、i 参考方向一致的情况下，线性电容元件 C 上的电压和电流的关系式为

$$i = C\frac{\mathrm{d}u}{\mathrm{d}t}$$

显然，电容也是一个动态元件，它在电路中显示的性质与元件上电压变化率有关。当电压不随时间变化时，电流为零。这时，电容相当于开路，因此电容元件有隔断直流的作用。

如果电容元件接在正弦交流电路中，则它的动态性质表现为容抗（$X_C = 1/\omega C = 1/2\pi fC$）的形式。容抗与频率成反比，表明电容元件在电路中通常作通高频、阻低频、隔直流信号的元件。

二、实训目的

1）研究 R、L、C 各元件在正弦交流电作用下的伏安特性。

2）掌握信号发生器和晶体管毫伏表的使用方法。

三、实训仪器设备

1）实训电路板　　1 块

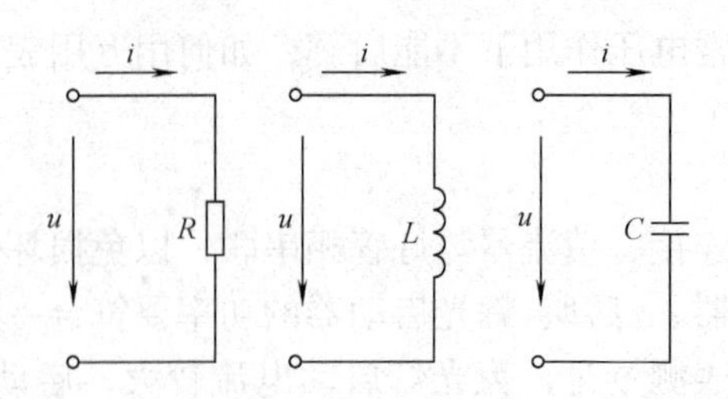

图 7-18 单独施加交流电的 R、L、C 电路

2）信号发生器 1台
3）晶体管毫伏表 1台
4）万用电表 1块

四、实训内容与步骤

实训电路如图 7-19 所示。

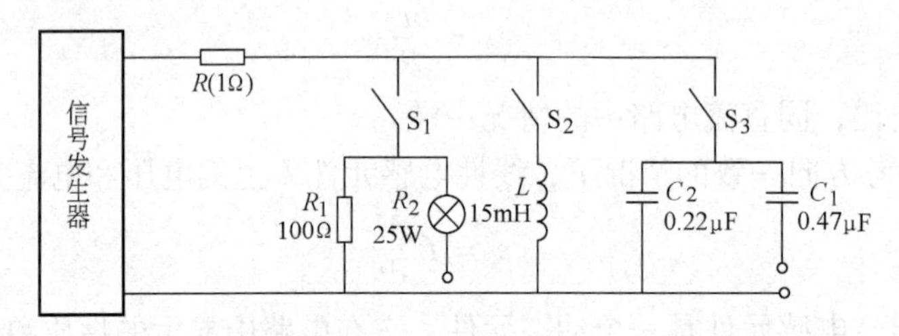

图 7-19 R、L、C 伏安特性测试电路

1）接通开关 S_1，取信号源频率 $f=400\text{Hz}$，调节输出电压分别为 2V、4V、6V、8V、10V，用毫伏表测量电阻 R（1Ω）上的电压 U_R 和电阻 R_1 两端电压 U_{R1}，记录于表 7-21 中。因为 $U_R=I_RR$，而 $R=1\Omega$，所以毫伏表读数即相当于 I_R 值，从而得到电阻 R_1 或灯 R_2 的伏安特性 $I_R=f(U_{R1})$；计算电阻 R_1 和 R_2 的平均值，填入表 7-21 中。

表 7-21

	测量值						计算值	
电压值	0V	2V	4V	6V	8V	10V	R_1	R_2
I_R（U_R）								
U_{R1}								

2）接通开关 S_2，信号源频率 $f=2000\text{Hz}$，测出 2V、4V、6V、8V、10V 的 I_L（即 U_R 值）及 U_L，记于表 7-22 中，并计算 $X_L=U_L/I_L$，从而得出 $I_L=f(U_L)$ 伏安特性。

表 7-22

	测量值						计算值	
电压值	0V	2V	4V	6V	8V	10V	X_L	L
I_L								
U_L								

3）接通开关 S_3，信号源频率为 $f=1000\text{Hz}$，测出 2V、4V、6V、8V、10V 时的 I_C（即 U_R 值）及 U_C，记录于表 7-23 中，并计算 $X_C=U_C/I_C$，从而得出 $I_C=f(U_C)$ 的伏安特性。

表 7-23

	测量值						计算值	
电压值	0V	2V	4V	6V	8V	10V	X_C	C
I_C								
U_C								

五、实训分析与讨论

1）在同一直角坐标系中做出 R、L、C 元件的伏安特性曲线 $I=f(U)$。

2）由测量数据计算得出的 R、L、C 值与标称值是否一致？若有误差是何原因？误差是否在允许的范围之内？

六、注意事项

1）当 R、L、C 三条支路中一条支路接通时，另外两条支路必须断开。

2）信号源电压从低到高逐渐增加，应防止电流过大导致元件烧坏或损坏仪表。

3）注意安全，改接电路时必须先切断电源，改接好后再接通电源。

实训 10　*RLC* 串联谐振电路

一、相关知识

1. 串联谐振的条件

RLC 串联电路，如图 7-20 所示，调节电路参数或电源的频率，使 $\omega L=1/\omega C$，此时电路两端的电压与其中的电流同相位，电路发生了谐振现象。谐振频率为

$$f_0=\frac{1}{2\pi\sqrt{LC}}$$

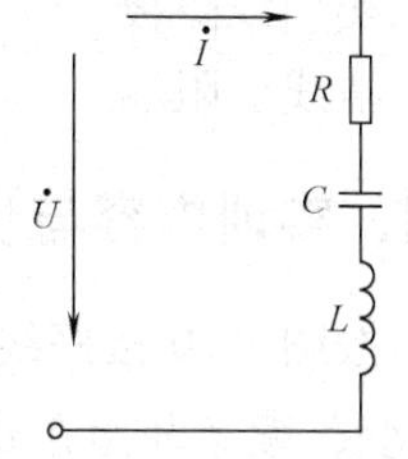

图 7-20　*RLC* 串联谐振电路

2. 串联谐振电路的主要特点

1）在端电压有效值 U 不变的条件下，当电路发生串联谐振时，$X_L=X_C$，电路的阻抗模 $|Z|=R$ 最小，此时电路中电流有效值最大，即

$$I=I_0=\frac{U}{R}$$

2）品质因数 Q。

$$Q = \frac{U_C}{U} = \frac{U_L}{U} = \frac{1}{\omega_0 CR} = \frac{\omega_0 L}{R}$$

品质因数表明在谐振时电容或电感元件上的电压是电源电压的 Q 倍。

3）串联谐振时的谐振曲线如图 7-21 所示，电路中电流在谐振时达到最大值，并且电流和电压同相位。当 L 和 C 一定时，电路中的电阻 R 越小，曲线的尖锐程度越大，谐振电路的选择性也就越好。

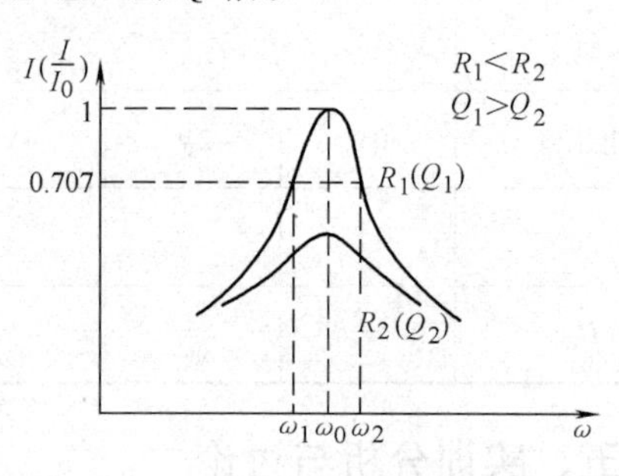

图 7-21　串联谐振电路的谐振曲线

改变角频率 ω 时，电流随之变化，当电流下降到（$1/\sqrt{2}$）$I_0 = 0.707I_0$ 时，对应的两个频率 ω_1、ω_2（或 f_1 和 f_2）叫做 3 分贝频率。两个频率之差

$$B\omega = \omega_2 - \omega_1$$

称为该电路的通频带宽度。可以通过理论计算推导出通频带宽为

$$B\omega = \omega_1 - \omega_2 = R/L$$

可见电路的通频带宽取决于电路的参数。

二、实训目的

1）观察谐振现象，加深对串联电路特点的理解。

2）学习测量 RLC 串联谐振电路的频率特性。

3）测量电路的谐振频率及理解品质因数对谐振曲线的影响。

4）研究电路参数对谐振特性的影响，进一步掌握串联谐振的条件。

三、实训仪器设备

1）函数信号发生器　　1 台

2）晶体管毫伏表（DA—16 型）　　1 台

3）实训线路板　　1 块

4）滑线变阻器　　1 个

四、实训内容与步骤

1）按图 7-20 接好线路，取 $L = 33\text{mH}$，$C = 0.01\mu\text{F}$，$R = 200\Omega$，正弦信号电压 $U_1 = 3\text{V}$ 保持不变，频率开始在几十到数百赫兹。

2）接通电路，改变信号源的频率输出，观测电阻 R 两端电压 U_2，找到使 U_2 为最大的频率 f，该值即为使电路处于谐振状态的谐振频率 f_0，将此频率 f_0 和测量的 U_2、U_C、U_L 数据记入表 7-24 中。

3）在谐振频率 f_0 附近选取几个测量点，将所测量的频率和电压值均记于表 7-24 中。

4）改变电容 C 为 $0.1\mu\text{F}$，重复步骤 3）。

表 7-24

参数 \ 项目 \ 频率		f_1	f_2	f_3	f_4	f_5	f_0	f_6	f_7	f_8	f_9	f_{10}
$R=200\Omega$ $C=0.01\mu F$	U_2											
	U_C											
	U_L											
$R=200\Omega$ $C=0.1\mu F$	U_2											
	U_C											
	U_L											

五、实训分析与讨论

1）怎样判断串联电路已处于谐振状态？绘制谐振曲线。

2）对于通过实训获得的谐振曲线，分析电路参数对它的影响。

3）说明通频带宽与品质因数及选择性之间的关系。

4）怎样利用表 7-24 中的数据求得电路的品质因数 Q?

5）电路达到谐振时，电感和电容的端电压比信号源的输出电压还要高，为什么?

六、注意事项

1）使用晶体管毫伏表测量电压时，每次改变量程，都应校正零点。

2）在谐振频率附近应多取几组数据。

3）每次改变信号源频率时，都要用晶体管毫伏表测量信号源的输出电压，并调节电压输出使之保持为 3V 不变。

实训 11　*RLC* 交流电路的特性

一、相关知识

1. *R*、*L*、*C* 元件电压、电流间的相位关系

1）如果有正弦电流通过电阻 R，则其电压电流关系的向量形式为

$$\dot{U} = \dot{I}R$$

设 $i=I_{\mathrm{m}}\sin\omega t$，则 $u=Ri=RI_{\mathrm{m}}\sin\omega t=U_{\mathrm{m}}\sin\omega t$。可见 u、i 是同一频率的正弦量，而且同相位。

2）对于电感元件 L，其电压、电流间的相量关系为

$$\dot{U} = \mathrm{j}X_{\mathrm{L}}\dot{I} = \mathrm{j}\omega L\dot{I}$$

可见，电压 u 和电流 i 是同频率的正弦量，但电压相位超前电流相位 90°。

3）对于电容元件 C，其电压电流间的相量关系为

$$\dot{U} = -\mathrm{j}X_{\mathrm{C}}\dot{I} = -\mathrm{j}\frac{\dot{I}}{\omega C}$$

可见，电压 u 和电流 i 是同频率的正弦量，但电流相位超前电压相位 90°。

2. *RLC* 串联电路总电压和各段电压的关系

RLC 串联电路中，根据交流电路的基尔霍夫电压定律有

$$\dot{U} = \dot{U}_{\mathrm{R}} + \dot{U}_{\mathrm{L}} + \dot{U}_{\mathrm{C}}$$

其中

$$\dot{U}_{\mathrm{R}} = \dot{I}R$$

$$\dot{U}_{\mathrm{L}} = \mathrm{j}X_{\mathrm{L}}\dot{I} = \mathrm{j}\omega L\dot{I}$$

$$\dot{U}_{\mathrm{C}} = -\mathrm{j}X_{\mathrm{C}}\dot{I} = -\mathrm{j}\frac{\dot{I}}{\omega C}$$

故

$$\dot{U} = \left(R + \mathrm{j}\omega L - \mathrm{j}\frac{1}{\omega C}\right)\dot{I}$$

3. *RLC* 并联电路总电流和各支路电流的关系

对于 *RLC* 并联电路，根据交流电路的基尔霍夫定律有

$$\dot{I} = \dot{I}_{\mathrm{R}} + \dot{I}_{\mathrm{L}} + \dot{I}_{\mathrm{C}}$$

其中

$$\dot{I}_{\mathrm{R}} = \frac{\dot{U}}{R}$$

$$\dot{I}_{\mathrm{L}} = \frac{\dot{U}}{\mathrm{j}\omega L}$$

$$\dot{I}_{\mathrm{C}} = \mathrm{j}\omega C\dot{U}$$

故

$$\dot{I} = \dot{U}\left(\frac{1}{R} + \frac{1}{\mathrm{j}\omega L} + \mathrm{j}\omega C\right)$$

二、实训目的

1）学习使用双踪示波器，观察 *RLC* 串联电路中电压与电流的波形及其相位关系，并测定相位差。

2）了解 *RLC* 元件并联电路中总电流和各支路电流之间的关系。

3）通过实训进一步加深对 *RLC* 元件在正弦交流电路中基本特性的认识。

三、实训仪器设备

1）实训电路板　　1 块

2）数字函数信号发生器 1台

3）晶体管电压表 1台

4）万用表 1块

5）示波器 1台

四、实训内容与步骤

1. *RLC* 串联电路的测试

1）按图7-22接线，其中电阻 $R=680\Omega$，电容 $C=0.1\mu F$，电感 $L=10mH$。打开实训台上正弦波信号发生器的电源开关，将输出电压有效值调至3V，输出频率调至2kHz。

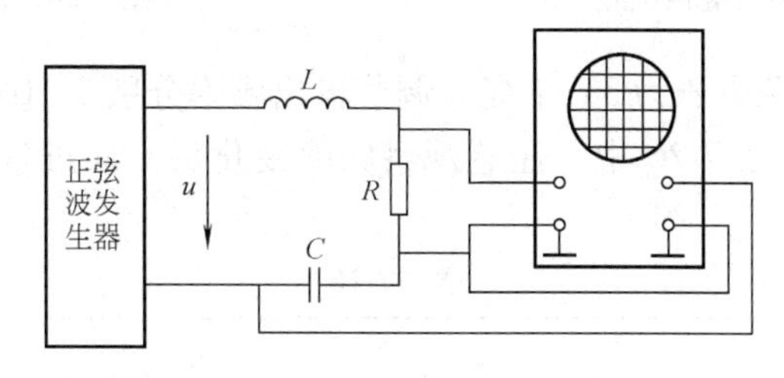

图7-22 *RLC* 串联实训电路

2）测量串联电路的总电压 U 和电流 I 以及各元件两端的电压 U_R、U_L、U_C，并将各测量结果填入表7-25中。此实训中电压的测量要用晶体管电压表，不能用普通机电式指针表。电流的测量采用间接测量法，可用电阻元件的端电压折算出电流，填入表7-25中。

表 7-25

f/kHz	U /V	I /A	U_R /V	U_L /V	U_C /V	ψ_C	ψ_L
2							
10							
20							

3）按图7-22接好示波器，合上电源，调节示波器，使荧光屏上显示出电压 u_R 和 u_C 的波形。由于电阻元件两端的电压与电流同相位，所以也可认为显示的是电容端电压 u_C 与电流 i 的两个波形。记录 u_C 与 i 的波形并将电压 u_C 与电流 i 的相位差 ψ_C 填入表7-25中。

4）按上述的方法，用示波器观察电感元件的端电压 u_L 与电流 i 两个波形，记录电压 u_L 与电流 i 的波形及相位差 ψ_L（电流 i 的波形与电阻 R 两端电压波形相同）。

5）保持正弦信号源的电压3V不变，调节信号源频率为10kHz和20kHz，重复步骤2）~4）并将测量结果填入表7-25中。

2. *RLC* 并联电路的测试

1）按图7-24接线，打开正弦信号发生器的开关，将输出电压调至3V，输出频率调至2kHz，分别与 R、L、C 相接，测量出电流 I_R、I_L、I_C，然后再把 R、L、C 并联起来量出并联后的总电流 I，将各测量结果填入表7-26中。图7-24中电阻 $R_o=1\Omega$，用其上的端电压折算出电流 I。

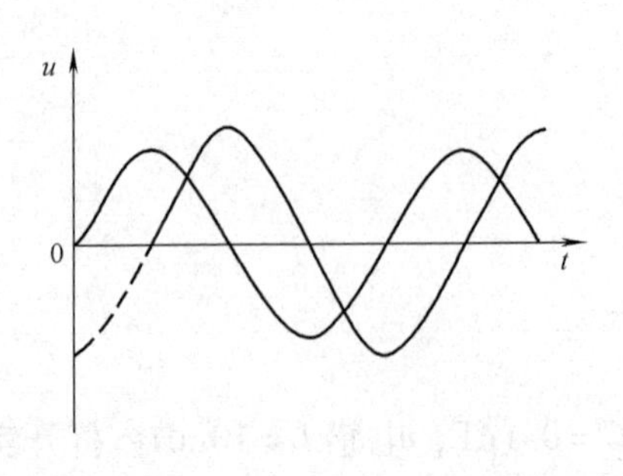

图 7-23　两个正弦量相位差

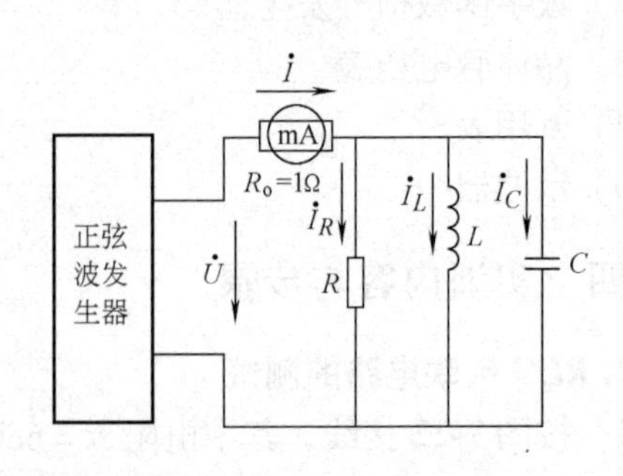

图 7-24　*RLC* 并联电路

2）保持正弦波信号源电压为 3V 不变，调节输出频率分别为 10kHz 和 20kHz，重复上述测量过程，并将结果填入表 7-26 中，注意观察频率变化后，通过各支路电流及总电流的变化。

表　7-26

	f	2kHz	10kHz	20kHz
$R=680\Omega$	I_R			
	R			
$L=10mH$	I_L			
	X_L			
$C=0.1\mu F$	I_C			
	X_C			
I				

五、实训分析与讨论

1）根据实训结果，说明 R、L、C 元件在交流电路中的特性。

2）试说明在正弦信号作用下，R、L、C 并联电路中各支路电流及总电流的关系，并画出不同频率下信号源电压及各电流的相量图。

3）电压保持不变，改变频率对 R、X_L、X_C 有什么影响？并画出 R、X_L、X_C 与频率的关系曲线。

4）频率保持不变，改变电压对 R、X_L、X_C 有什么影响？试画出伏安特性曲线 $I=f(U)$。

六、注意事项

1）调节信号源频率时，要使输出电压的幅值保持不变。

2）交流电路中的电压不可用普通机电式指针表测量，电流测量采用间接测量法。

3）电表不要太靠近铁心线圈，以避免因线圈磁场受影响，导致产生测量误差。

实训 12　*RLC* 串联电路中电压和电流关系

一、相关知识

1）*RC* 串联电路。将白炽灯与电容器串联，其等效电路如图 7-25 所示。交流电流通过电阻 R 和电容 C，在电阻和电容上分别产生电压降 $\dot{U}_R$（与电流同相位）和 $\dot{U}_C$（滞后电流 $\pi/2$），并且

$$\dot{U}=\dot{U}_R+\dot{U}_C$$

其有效值的关系为

$$U=\sqrt{U_R^2+U_C^2}$$

2）*RL* 串联电路　将电阻 R 与电感 L 串联，其电路如图 7-26 所示，交流电流通过电阻和电感产生电压降 $\dot{U}_R$ 和 $\dot{U}_L$ · $\dot{U}_R$ 与电流同相位，而 $\dot{U}_L$ 比电流超前 $\pi/2$，电源电压 $\dot{U}$ 与 $\dot{U}_R$、$\dot{U}_L$ 满足

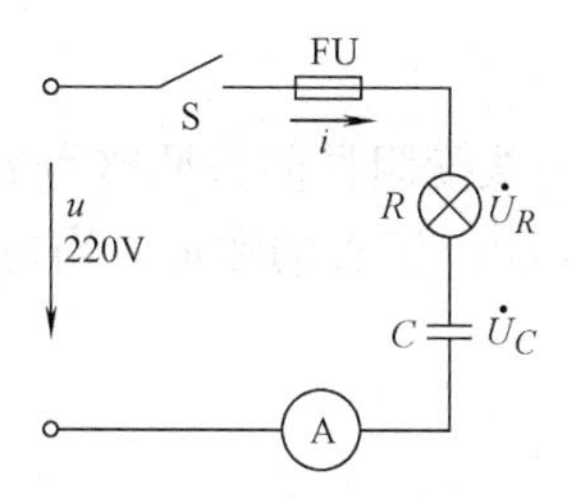

图 7-25　*RC* 串联电路

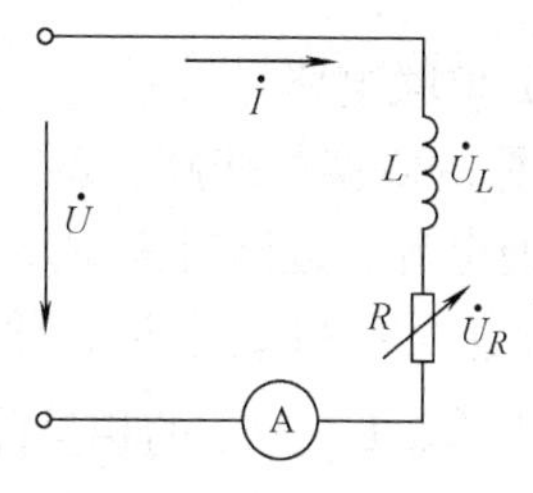

图 7-26　*RL* 串联电路

$$\dot{U}=\dot{U}_R+\dot{U}_L$$

其有效值关系为

$$U=\sqrt{U_R^2+U_L^2}$$

二、实训目的

1）验证 *RL* 和 *RC* 串联交流电路中，各元件端电压和电源电压之间的关系。
2）进一步熟悉信号发生器和晶体管毫伏表的使用。
3）加深对欧姆定律在交流电路中的理解。

三、实训仪器设备

1）交流电流表	1 块
2）交流电压表	1 块
3）灯泡（220V，40W）1 只、电容 0. 01μF 1 只、电感 36mH	1 只
4）万用电表	1 块
5）滑线变阻器	1 个

四、实训内容与步骤

（1）RC 串联电路

1）将所用元件参数记录在表 7-27 中，电阻值按额定功率、额定电压计算。

2）按图 7-25 接线，接通电源使其 $U=220\text{V}$。测量电路总电压 U、总电流 I 以及电阻、电容两端电压 U_R、U_C，将测量结果记录于表 7-27 中。

表 7-27

元件参数		测量值				计算值		
R（U_N^2/P）	C	I	U_R	U_C	U	U'	ψ	ψ'

3）求出 U_R 和 U_C 的代数和，验证 $U_R+U_C\neq U$。

4）计算 $\sqrt{U_R^2+U_C^2}$，并验证 $U=\sqrt{U_R^2+U_C^2}$。

5）做出相量图，求出总电压 U'，用直尺量 U'，按长度折算的数值与 U 的数值是否相等？用量角器量出 ψ' 与计算值是否相同？

$$\psi=\arctan U_C/U_R$$

（2）RL 串联电路

1）按图 7-26 接好线路，调节调压器使其输出为零，滑线变阻器阻值调整为 200Ω。

2）接通电源，逐渐升高调压器输出电压，注意电流表和电压表的数值。当电流为 0.4A 时记录此时电压 U 和 U_R、U_L，将测量值记于表 7-28 中。

3）作出 $\dot{U}$、$\dot{U}_R$、$\dot{U}_L$ 的相量图，验证它们之间的关系。

$$\dot{U}=\dot{U}_R+\dot{U}_L$$

$$U=\sqrt{U_R^2+U_L^2}$$

$$\psi=\arctan U_L/U_R=\arctan X_L/R$$

表 7-28

参数		测量值			计算值				
I	R	U	U_R	U_L	U_R+U_L	$\sqrt{U_R^2+U_L^2}$	U'	ψ	ψ'
0.4A	200Ω								

五、实训分析与讨论

1）根据表格中测试的数据作相应计算。

2）作出 RC 和 RL 串联电路的相量图。

六、注意事项

1）调压变压器的输入端和输出端严禁接反。

2）换接线路必须断开电源，接好线路，经检查无误后再合电源。

3）测电阻 R 和电感 L 串联电路，电压由零逐渐增高，当电流为 0.4A 即停。

4）画相量图必须按比例在坐标纸上作出。

实训 13　三相交流电路负载的联结

一、相关知识

1. 三相电源

目前电力系统的主要供电方式是三相交流电路。三相电源的电动势是对称的，即三相电动势的幅值（或有效值）相等、频率相同、相位互差 120°。

低压电源常采用三相四线制，三根相线用 U、V、W 表示，一根中线用 N 表示。任意两根相线之间电压称线电压，为 380V，任一根相线与中线之间电压称相电压，为 220V，线电压为相电压的$\sqrt{3}$倍。

2. 三相负载的三角形联结和星形联结

三相电路中，负载星形联结是将三相负载各相的末端连在一起，始端接至电源，如图 7-27 所示。三角形联结是把各相的始端、末端依次相连，然后将三个连接点接至电源如图 7-28 所示。三相负载中各相阻抗的大小和性质完全相同的称为三相对称负载，否则为三相不对称负载。不同负载情况下线电压 U_l、相电压 U_p、线电流 I_l、相电流 I_p 的关系见表 7-29。

表　7-29

		负载对称	负载不对称
负载星形联结	有中线	$U_l=\sqrt{3}U_p$ $I_l=I_p$ $\dot{I}_U+\dot{I}_V+\dot{I}_W=\dot{I}_N=0$	$U_l=\sqrt{3}U_p$ $I_l=I_p$ $\dot{I}_U+\dot{I}_V+\dot{I}_W=\dot{I}_N\neq0$
	无中线	$I_l=I_p$ $\dot{I}_U+\dot{I}_V+\dot{I}_W=\dot{I}_N=0$ $U_l=\sqrt{3}U_p$	$I_l=I_p$ $\dot{I}_U+\dot{I}_V+\dot{I}_W=\dot{I}_N=0$ $U_l\neq\sqrt{3}U_p$
负载三角形联结		$U_l=U_p$ $I_l=\sqrt{3}I_p$	$U_l=U_p$ $I_l\neq\sqrt{3}I_p$

在对称负载星形联结时，因中线电流为零，所以，中线断开不影响电路工作。而不对称负载作星形联结时，如果不接中线，负载中性点 N′对电源中性点有位移，造成负载各相电压不对称，线电压与相电压间$\sqrt{3}$倍的关系被破坏。此时线路阻抗最大的一相其相电压最高，而阻抗最小的一相其相电压最低。在负载极不对称情况下，相电压最高的一相会使负载的工作状态不正常，甚至烧坏设备。如果有了中线，中线阻抗小则使电源中性点与负载中性点等电位。所以为保证三相不对称负载的电压对称，都采用三相四线制，而且规定中线上不准安装开关或熔断器。

二、实训目的

1）掌握三相负载的星形和三角形联结方法。

2）验证三相对称负载星形联结和三角联结时，线电压与相电压、线电流与相电流之间的关系。

3）了解不对称负载星形联结时中线的作用。

4）观察不对称负载三角形联结时的工作情况。

三、实训仪器设备

1）灯泡负载实训板　1 块

2）三相负载结点扩展实训板　1 块

3）串并联电路测试实训板　1 块

4）交流电流表　1 块

5）三相调压器　1 台

6）交流电压表　1 块

四、实训内容与步骤

1. 三相负载星形联结

1）利用串并联电路测试实训板上的灯泡，三相负载结点扩展实训板以及各种电表按照图 7-27 接好线路，每相均开三只灯泡，此时为对称的三相四线制电路。合上所有的开关，观察各电流表的读数，再用电压表测量各线电压和相电压，并将所得的数据填入表 7-30 中。

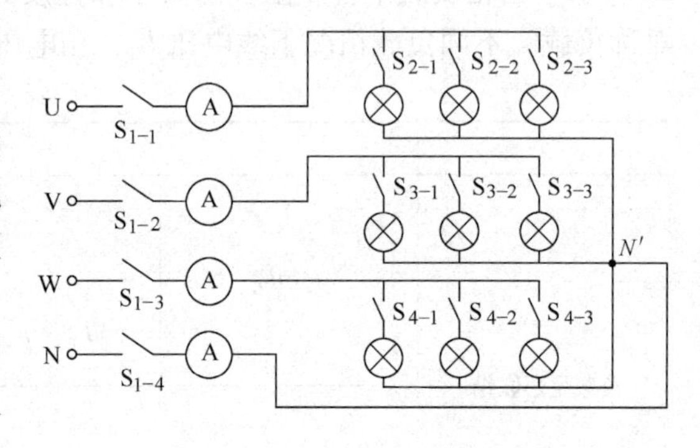

图 7-27　三相负载星形联结

2）切断中线开关 $S_{1\text{-}4}$，此时为三相三线制对称负载电路。测量各电压和电流数据并填入表 7-30 中。比较三相对称负载电路在有中线和无中线两种情况下各量以及灯泡亮度的变化。

3）切断开关 $S_{2\text{-}2}$、$S_{2\text{-}3}$、$S_{3\text{-}3}$，接通其他开关，此时为三相有中线不对称负载（三相的灯泡数分别为 1、2、3 只）。测量各项电流以及电压，并将数据填入表 7-30 中。

4）切断中线开关 $S_{1\text{-}4}$，此时为三相无中线不对称负载的三相三线制电路。测量各电压和电流数据并填入表 7-30 中。比较三相不对称负载在有中线和无中线两种情况下各量以及灯泡亮度的变化。

表 7-30

项目 \ 参数 \ 中线 \ 负载		对称		不对称	
		有中线	无中线	有中线	无中线
电流 /A	I_U				
	I_V				
	I_W				
	I_N				

（续）

项目	参数	对称 有中线	对称 无中线	不对称 有中线	不对称 无中线
线电压/V	U_{UV}				
	U_{VW}				
	U_{WU}				
相电压/V	U_U				
	U_V				
	U_W				
计算	U_{UV}/U_U				
	U_{VW}/U_V				
	U_{WU}/U_W				
灯泡亮度	U				
	V				
	W				

2. 三相负载三角形联结

1）利用灯泡负载实训板，串并联电路测试实训板上的灯泡及三相负载结点扩展实训板按照图7-28接好线路。合上所有的开关，每相间均开三只灯泡，此时为三相对称负载，测量各相负载的线电流和相电流，再用电压表测量线电压，将结果填入表7-31中。

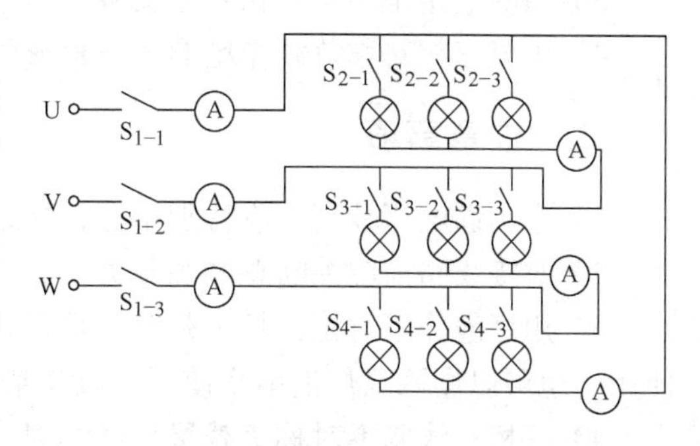

图7-28 负载三角形联结

2）切断开关 $S_{2\text{-}2}$、$S_{2\text{-}3}$、$S_{3\text{-}3}$，接通其他开关，此时为不对称负载（即负载灯泡分别为1、2、3只）。测量各项电流和电压，并填入表7-31中。比较三角形联结的三相对称和不对称负载的各量变化情况，观察灯泡的亮度有何变化。

表 7-31

项目	参数	对称	不对称
线电压/V	U_{UV}		
	U_{VW}		
	U_{WU}		
线电流/A	I_U		
	I_V		
	I_W		
相电流/A	I_{UV}		
	I_{VW}		
	I_{WU}		

（续）

项目 \ 参数 \ 负载		对称	不对称
计算	I_U/I_{UV}		
	I_V/I_{VW}		
	I_W/I_{WU}		
灯泡亮度	U		
	V		
	W		

五、实训分析与讨论

1）整理实训数据，总结负载对称时，星形联结和三角形联结中，负载线电压与相电压、线电流和相电流之间的关系。

2）根据实训数据和现象，说明负载作星形联结时，中线起什么作用？什么情况下可以不要中线？什么情况下必须要中线？

3）照明电路是不是三相对称负载？是否可联结成星形三相三线制，为什么？

4）画出三相对称负载作星形和三角形联结时的相量图。

六、注意事项

1）本实训电压较高，应特别小心，接线中不要出现裸露的线头。

2）改接线路前应关断总电源开关。

3）用灯泡作不对称三相负载时，可以用三相调压器将三相电源电压调低为220V/127V使用，也可以用两只灯泡串联使用，以免某相电压过高而烧坏灯泡。

4）三相三线制不对称负载星形联结时，各相负载承受的电压不相同。有的灯泡电压低于额定值，有的已超过额定值。所以在断开中线时，观察亮度及测量数据要动作迅速，测试完毕立即断电，以免损坏设备。

5）采用三角形联结时必须将三相电源电压调至负载的额定电压值。

实训14　三相功率的测量

一、相关知识

测量三相电路的有功功率，常用两种方法。

1）三表法。应用于三相四线制电路，三表读数之和为三相有功功率，即

$$P = P_1 + P_2 + P_3$$

2）两表法。应用于三相三线制电路，不论负载对称与否，两表读数之和等于三相有功功率，即

$$P = P_1 + P_2$$

若其中一只功率表的指针反向偏转，应将功率表的电流线圈的两个端钮对换（功率表

附有极性转换开关的，只要将转换开关由“+”转到“-”的位置)，切忌互换电压接线，以免功率表产生误差，改换端钮后的功率表的读数记为负值。

二、实训目的

1）应用两表法测量三相电路的有功功率。

2）进一步掌握单相功率表的使用。

三、实训仪器设备

1）三相调压器（实训室公用） 1台

2）三相负载灯板（自制，带开关） 1块

3）电容箱（4～10μF） 1只

4）单相功率表 2只

5）交流电压表 1只

6）交流电流表 1只

7）电流表插座 2只

8）单刀开关 1只

四、实训内容与步骤

1. 用两表法测量对称三相电路的有功功率

1）实训电路如图7-29所示，电源线电压经三相调压器降为220V，三相对称灯泡，负载为三角形联结。

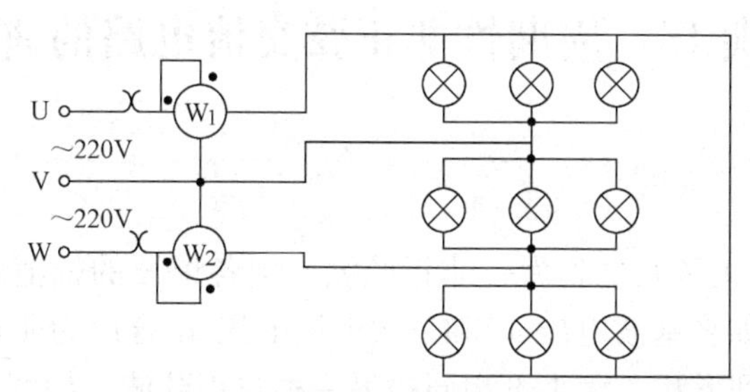

图7-29 用两表法测量对称三相电路有功功率的电路

2）合上三相刀闸，读取功率表 W_1 和 W_2 的指示值，记录于表7-32中。

表 7-32

负载情况	测量值/W		计算值/W
	P_1	P_2	$P=P_1+P_2$
对称负载三角形联结			
不对称负载星形联结			

2. 用两表法测量不对称三相电路的有功功率

1）实训电路如图7-30所示，不对称三相负载作星形联结，电源线电压为220V。

2）合上三相刀闸，读取功率表 W_1 和 W_2 的指示值，若某一功率表指针反偏转，需将其电流线圈的两个端钮反接或拨动极性转换开关，此时该表读数前冠以负号，记录于表 7-32 中。

3）测量负载相电压和相电流，即

$$U'_A = \_\_\mathrm{V},\ U'_B = \_\_\mathrm{V},\ U'_C = \_\_\mathrm{V},\ I_A = \_\_\mathrm{A},\ I_C = \_\_\mathrm{A}。$$

根据步骤 3）的数据，作出电压和电流相量图。

五、实训分析与讨论

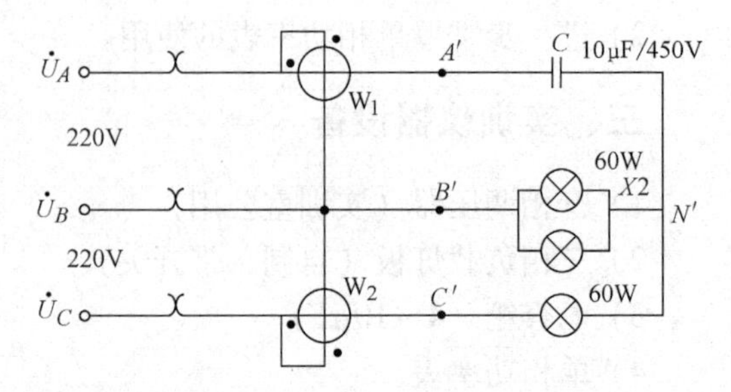

图 7-30　两表法测不对称三相电路功率的电路

1）根据图 7-30 所示电路的电压和电流相量图，分析功率表中哪一只可能反偏转？

2）如果只给你一只单相功率表，如何利用电流表插座和电流表插头来测量三相功率？

3）用两只功率表测功率时，若不知道三相电源相序，是否可以进行测量？为什么？

六、注意事项

1）如果发现功率表指针反偏，应将功率表上“+”、“-”开关拨向“-”方向，才能读出功率表读数，计算时应作负值。

2）本次实训电源电压高，电路联线较多（尤其是负载的三角形联结），接线时电路应整齐有序，对测量点要心中有数，认真严肃。经过仔细检查并经老师允许后方可接通电源进行测试。

实训 15　周期性非正弦交流电路的研究

一、相关知识

1）几个不同频率的正弦波之和为一非正弦波。当各谐波的幅值的初相改变时，可合成形状不同的非正弦波。如将基波电压 u_1 和三次谐波电压 u_3 合成为非正弦电压 u 时，仅将 u_3 的初相改变 π，便可得到形状、大小不相同的另一种非正弦波，如图 7-31a、b 所示。

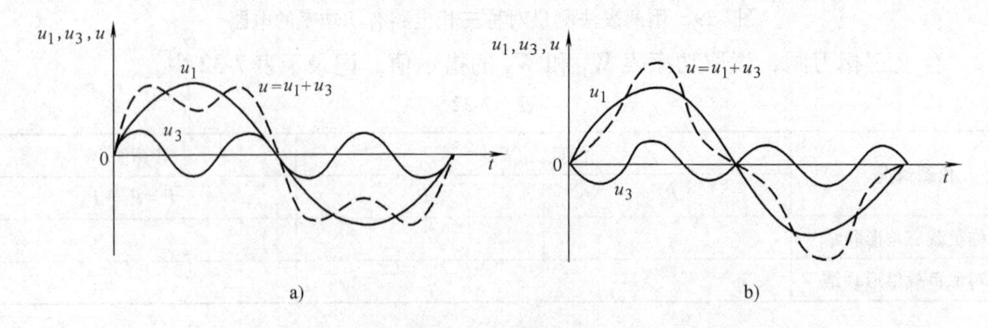

图 7-31　不同频率的两个正弦波之和为一非正弦波

a）平顶波　b）尖顶波

2）非正弦电压和电流的有效值分别为

$$U = \sqrt{U_0^2 + U_1^2 + U_2^2 + \cdots}$$
$$I = \sqrt{I_0^2 + I_1^2 + I_2^2 + \cdots}$$

3）三倍频率器。将三只单相变压器按图 7-32 所示连接，即将一次侧作无中线的星形联结，二次侧联结成开口三角形，便构成三倍频率器。

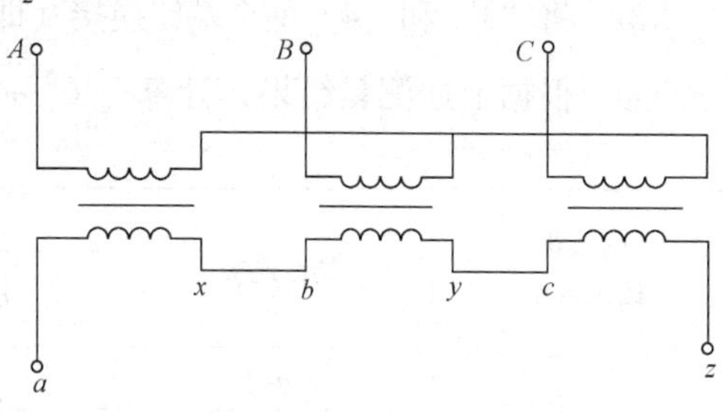

图 7-32　三倍频率器

在一次侧加上三相正弦电压，若铁心饱和，磁通为非正弦波（平顶波），则每只变压器的二次侧便感应产生基波电动势和 3 次谐波电动势（不考虑 5 次以上谐波）。由于二次侧联结成开口三角形，三个基波电动势之和为零，而三个 3 次谐波电动势之和为每相的三倍，故为开口处可得到三倍于电源频率的电压，即 150Hz 的电压。

二、实训目的

1）观察周期性非正弦波的合成。

2）验证周期性非正弦电压有效值的计算公式。

三、实训仪器设备

1）单相变压器（自制）	3 台
2）单相调压器	1 台
3）交流电压表	1 只
4）交流电流表	1 只
5）示波器	1 台
6）电阻箱	1 只

四、实训内容与步骤

1）按图 7-33 所示将单相调压器和三倍频率器连接起来。

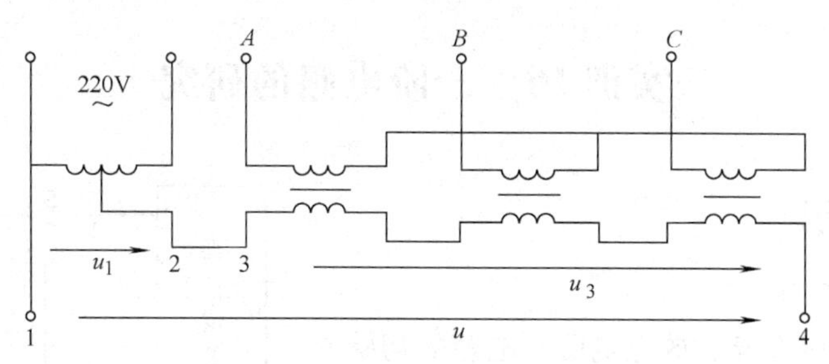

图 7-33　非正弦周期电流电路

2）测量和观察 u_1、u_3 和 u。

① 调节单相调压器的输出电压到 50V，用交流电压表测量三倍频率器的输出电压 u_3 和总电压 u，将结果记录于表 7-33 中。再用示波器观察基波电压 u_1，3 次谐波电压 u_3 和总

电压 u 的波形，将波形记录下来。

② 将调压器的输出电压调到100V，重复上述要求。

③ 将“3”和“4”两个端钮换接（即把端钮“2”接到“4”），重复步骤①和②的要求。

④ 根据上述测量结果，计算 $\sqrt{U_1^2 + U_3^2}$，验证关系式 $U = \sqrt{U_1^2 + U_3^2}$。

表 7-33

调压器输出电压	端钮连接	测量值		计算值
		U_3/V	U/V	$\sqrt{U_1^2 + U_3^2}$
$U_1 = 50V$	2 接 3			
	2 接 4			
$U_1 = 100V$	2 接 3			
	2 接 4			

3）观察电感、电容对谐波的影响。

① 在图 7-33 所示电路的“1”、“4”两端接入电阻 R 和电感线圈，用示波器观察“1”“4”两端的电压波形和电路中的电流波形。

② 再将电感线圈换成电容 C，再观察电压和电流的波形，并将波形记录下来。

五、实训分析与讨论

1）由测量结果验证 $U = \sqrt{U_1^2 + U_3^2}$，如有误差，试分析原因。

2）在以下几种情况下，三倍频率器开口处是否有电压？

① 铁心磁路未饱和。

② 一次侧作有中线的星形联结。

③ 二次侧极性接错。

六、注意事项

1）必须用测量基本量为有效值的电压表测非正弦交流电压 u 的有效值。

2）用音频正弦信号发生器代替三倍频率发生器，应根据正弦信号发生器使用说明使用。

实训 16　一阶电路的研究

一、相关知识

1. 零状态响应

图 7-34 所示为 RC 充、放电电路，电容的初始电压为零，$t=0$ 时，开关 S 合至 1，电源向电容充电，则电容电压 u_C 和充电电流 i 分别为

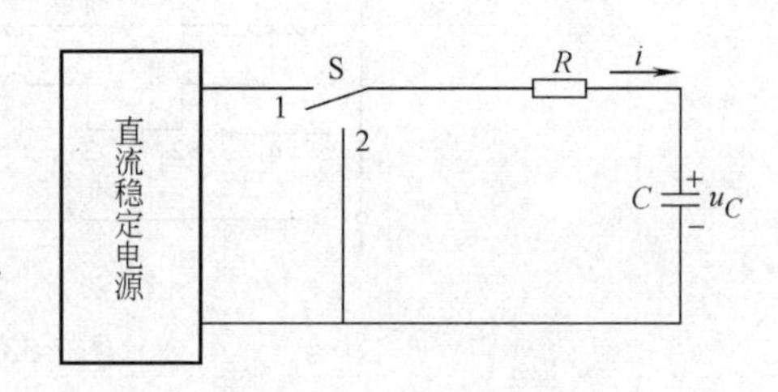

图 7-34　RC 充、放电电路

$$u_C = U_S(1 - e^{-t/\tau})$$
$$i = (U_S/R)e^{-t/\tau}$$

$\tau = RC$ 是电路的时间常数。

u_C 和 i 随时间变化的一阶零状态响应曲线如图 7-35a、b 所示。当 $t=4.6\tau$ 时，$U_C=99\% U$，$I=1\% U_S/R$，充电过程可认为已结束，电路进入稳定状态。

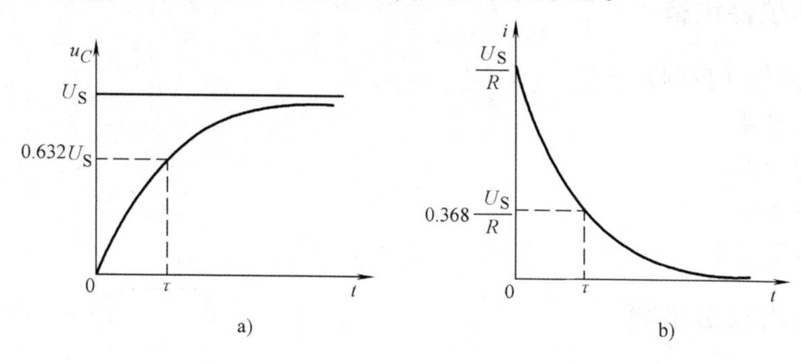

图 7-35　一阶零状态响应曲线

a）$u_C(t)$ 的波形　b）$i(t)$ 的波形

2. 零输入响应

电路仍如图 7-34 所示，当电容充电至电压 U_o 时，将开关 S 合向 2（$t=0$，计时开始），RC 电路便短接放电。电容电压 u_C 和放电电流 i 分别为

$$u_C = U_o e^{-t/\tau}$$

$$i = -(U_o/R)e^{-t/\tau}$$

它们的曲线如图 7-36 所示。i 的实际方向与图 7-34 中箭头所标的方向相反。

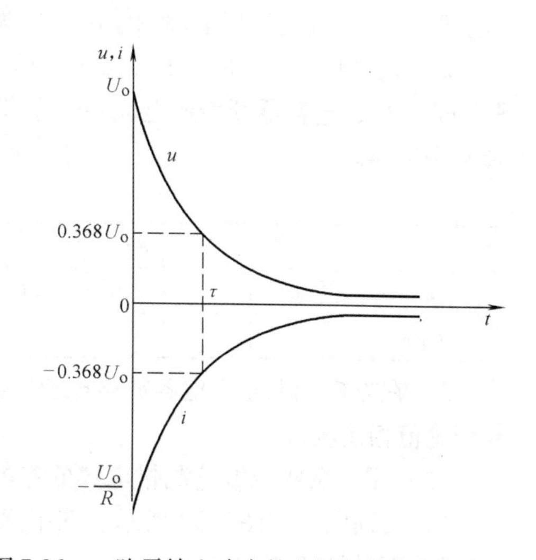

图 7-36　一阶零输入响应的电压和电流变化曲线

3. 时间常数的测定

在电容充电过程中，$t=\tau$ 时，$U_C=0.632U_S$；在电容放电过程中，$t=\tau$ 时，$U_C=0.368U_S$。故由充、放电过程 u_C 的曲线可测得时间常数 τ。改变 R 和 C 的数值，也就改变了 τ。若增大 τ，充、放电的过程变慢，过渡过程的时间增长；反之，则缩短。

4. *RC* 电路的矩形脉冲响应

将图 7-37 所示的矩形脉冲电压接到 RC 电路两端，在 $0<t<T/2$ 内，$u=U$，电路的工作情况相当于在 $t=0$ 时接通到直流电源的充电过程。在 $T/2<t<T$ 内，$u=0$，电路的工作情况相当于在 $t=T/2$ 时 RC 电路被短接放电的过程。如果 $\tau=RC \ll T$，电容的充电和放电过程均能在半个周期的时间内全部完成，以后出现的则是多次重复的连续过程，用示波器可以将 u_C 连续变化的波形显示出来。

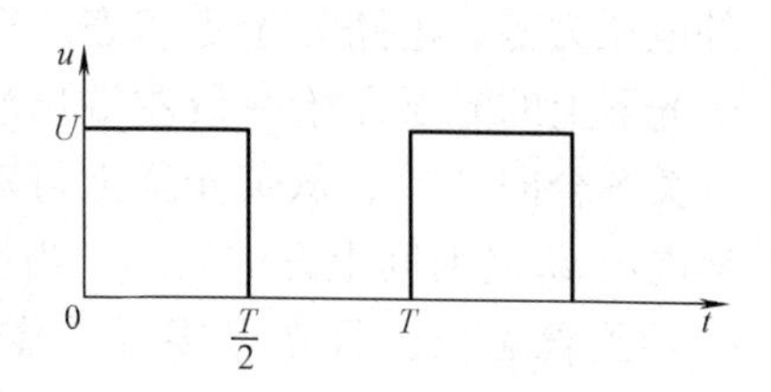

图 7-37　*RC* 电路输入方波的波形

二、实训目的

1）加深对 RC 电路的充电和放电过程的认识。

2）掌握测定一阶电路时间常数的方法。

3）用示波器观察 RC 电路的矩形脉冲响应。

三、实训仪器设备

1）RC 电路板（自制）	1 块
2）双踪示波器	1 台
3）直流稳压电源	1 台
4）方波发生器	1 台
5）单刀双掷开关	1 只

四、实训内容与步骤

（1）用秒表、微安表测量 RC 电路中电容放电电流的曲线及时间常数

1）实训电路如图 7-38 所示，R 取 10kΩ，C 取 1000μF（电解电容），直流稳压电源的输出电压为 10V。

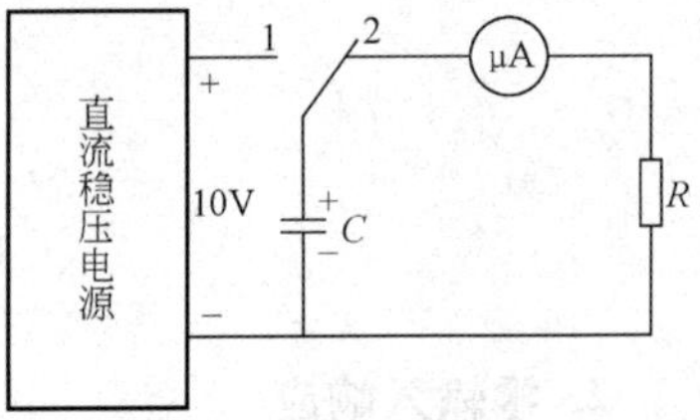

图 7-38　电容放电电流的测量

2）先将开关 S 合向“1”，给电容器充电，然后将开关 S 合向“2”，电容器开始放电，同时立即用秒表计时，读取不同时刻的电容放电电流 i，记录于表 7-34。

表　7-34

U_S =			R =			C =			$\tau = RC$ =		
t/s	0	5	10	15	20	25	30	35	40	50	60
I/μA											

3）在方格纸上画出电容放电电流 i 随时间变化的曲线，并从曲线求出电路的时间常数，与理论值相比较。

（2）用长余辉示波器测量电容的充电和放电曲线

1）实训电路如图 7-39 所示。图中示波器的 y 轴输入开关置于“DC”（直流）挡位置，“扫描”开关置于3S 挡位置。

2）先将开关 S 置于“2”，使电容上的电压为零，电路处于零状态。待示波器荧光屏上的光点开始在最左端出现时，将开关 S 合向“1”，从荧光屏上可观察到电容电压 u_C 随时间上升的波形。当波形显示 u_C 达到稳态值，且光点接近屏幕中段时，迅速将开关 S 扳至“2”，即可观察到电容电压随时间下降的波形。多次重复观察后，将波形描绘在方格纸上。

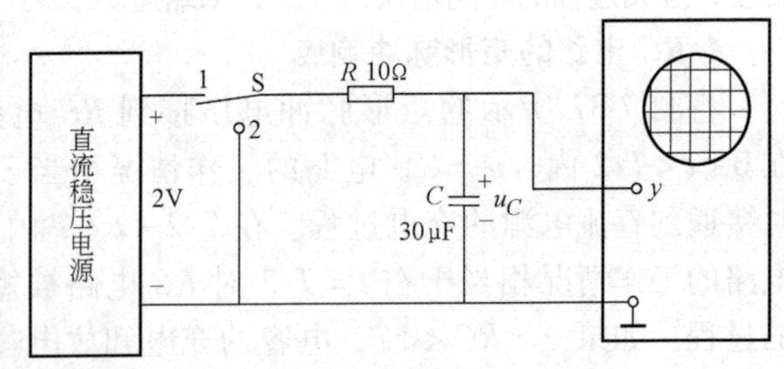

图 7-39　用长余辉示波器观察电容充、放电电压波形的电路

（3）用示波器观察 RC 电路的方波响应

1）实训电路仍采用图 7-39，只是将直流稳压电源改为方波信号，选择方波的频率为

1kHz，幅值为4V，电路参数为：$R=5\text{k}\Omega$、$C=0.02\mu\text{F}$、取样电阻 $r=1\Omega$。使方波的半周期 $T/2$ 与时间常数 RC 保持约5:1的关系。

2）调节示波器的有关旋钮，使屏幕上显示稳定的 u_C 和 i 的波形，并把波形描绘在表7-35中。

表 7-35

R/kΩ	C/μF	r/Ω	$(T/2):\tau$	波形	
				u_C	i
0.5	0.02	1	50		
5	0.02	1	5		
50	0.02	1	0.5		

3）改变电路参数，使 R 分别为500Ω和50kΩ，即改变充放电时间常数，观察 u_C 和 i 的波形，并把波形描绘在表7-35中。

五、实训分析与讨论

1）用图7-39所示的长余辉示波器观察电容器充放电电压的波形时，示波器的“扫描”时间应置于何挡位较合适？

2）改变 R 值，对 RC 电路的响应有何影响？

六、注意事项

1）由于电容器有介质损耗，因此在分析实训数据时应注意到实际电容器的损耗。

2）在记录测量数据时要密切配合。

3）用示波器观察波形时要注意正确接线。

4）用秒表逐点测 RC 电路的充电、放电特性时，为便于读数，电路时间常数 τ 要取得大一些。

实训17　交流铁心电路的研究

一、相关知识

1）铁心线圈是非线性电感元件，在其两端施加正弦电压时，其电流为非正弦波，电压和电流有效值的关系曲线如图7-40所示。

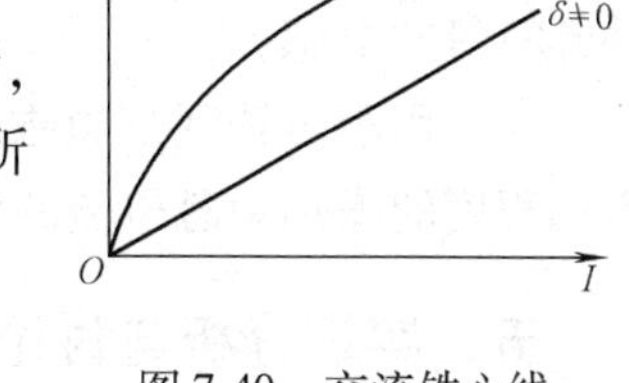

图7-40　交流铁心线圈的伏安特性

2）忽略铁心线圈的损耗时，交流铁心线圈的等效电感为

$$L_C = U/\omega I$$

由于铁心的饱和，其值随电流 I 的增大而减小。

3）铁心有气隙 δ 时，由于气隙的磁阻较大，整个磁路的磁阻主要由气隙的磁阻来决定，其等效电感将比无气隙时大为减小。

二、实训目的

1）测定交流铁心线圈的伏安特性。

2）了解气隙对交流铁心线圈的影响。

3）观察激磁电流的波形。

三、实训仪器设备

1）交流铁心线圈（有可调气隙） 1只

2）单相调压器 1台

3）交流电压、电流表 各1只

4）示波器 1台

5）直流单臂电桥 1台

6）电阻箱 1只

四、实训内容与步骤

1）用单臂电桥测量铁心线圈的铜线电阻，并记下线圈的匝数。

2）测量交流铁心线圈的伏安特性。

① 实训电路如图7-41所示。

② 测量无间隙（$\delta=0$）时铁心线圈的伏安特性。

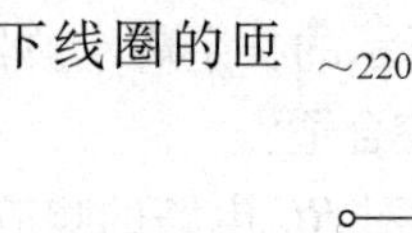

图7-41 交流铁心线圈实训电路

逐渐升高调压器的输出电压，使电流由零至额定值逐渐增大，逐点记录电流、电压于表7-36中，并计算等效电感L_E。

表 7-36

I/A											
$\delta=0$	U/V										
	计算 L_E/H										
$\delta\neq0$	U/V										
	计算 L_E/H										

③ 测量有气隙（$\delta\neq0$）时铁心线圈的伏安特性。测量项目同上。亦记录于表7-36中，并计算等效电感L_E。

④ 用示波器观察激磁电流的波形。自拟线路，经指导教师同意后方可接线。观察随磁饱和程度的增加激磁电流的波形变化。

五、实训分析与讨论

1）根据实训数据，绘出交流铁心线圈的伏安特性曲线和等效电感L随激磁电流i变化的曲线，并分析气隙的影响。

2）交流铁心线圈在额定电压工作时，如果增大气隙，会产生什么影响？

3）分析激磁电流的波形。

六、注意事项

1）调压器输出电压不应高于实训变压器的额定电压。

2）实训时不要用手去接触接线端钮。

实训 18　电压表和电流表的检验

一、相关知识

1）根据《电测量指示仪表检验规程》的规定，仪表在使用一段时间后，要定期进行质量检验，以保证仪表在使用期间准确度等级符合要求。对新安装和新投入使用的仪表也应进行检验。检验的期限、项目和方法等在规程中均有具体规定。

2）直接比较法。这是检验 0.5 级以下仪表用得最多的方法。图 7-42 是检验磁电系电压表基本误差的电路。图中 V_X 是被检表，V_0 是标准表，R 是滑线变阻器。检验电路应能保证电压 U 从零值至被检表的上量限范围内，平稳而连续的调节。通常，由稳压电源和可变电阻 R 进行电压调节，前者作粗调。当可变电阻 R 的滑动触头移动时，c、b 间可得变动的电压。当 c 在 b 点时，$U=0$；当 c 在 a 点时，$U=U_S$。

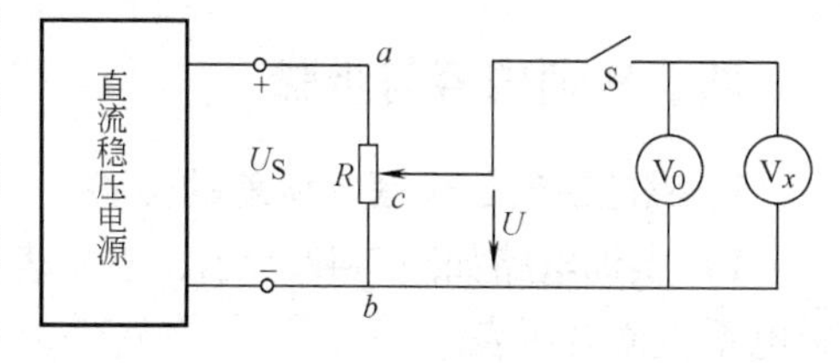

图 7-42　检验磁电系电压表基本误差的电路

图 7-43 是检验磁电系电流表基本误差的电路，图中 A_x 是被检表，A_0 是标准表，R 是滑线可变电阻器。检验电路应能保证电流 I 在从零值至被检表的上量限范围内，得到平稳而连续的调节。通常，由稳压电源和可变电阻 R 进行电流调节，调节时，先调节稳压电源的输出电压，再调节可变电阻。

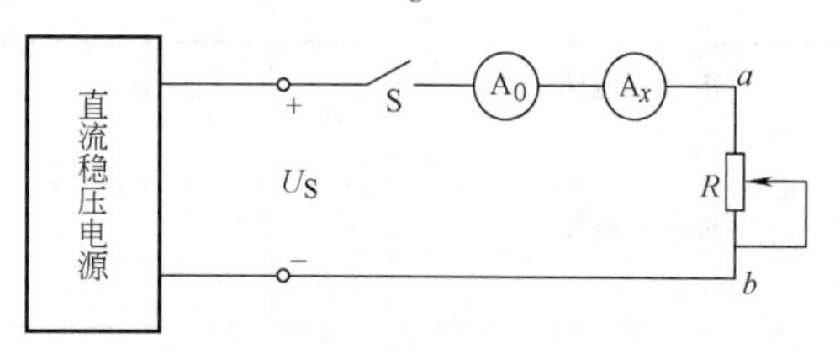

图 7-43　检验磁电系电流表基本误差的电路

3）对标准表的要求。

① 标准表系列与被检表系列应尽可能相同。

② 标准表的准确度等级应比被检表的高两级。

③ 标准表的量限与被检表的量限应一致。

4）标准表的标尺长度。准确度等级为 0.5 级的，不小于 130mm；准确度等级 0.2 级的，不小于 200mm。

5）电压和电流的调节。实训前，先使仪表的指针指零，然后从零值开始使电压或电流平稳而均匀地上升，取被检表的整数读数（指针指在刻度线的主分格线上），逐个读取标准表的指示值，直至满刻度值；再使电压或电流从满刻度值均匀下降，重复测量各取值的读数，直至被检表的零值为止。要注意，使量值上升或下降时，不得回调。在被检表的同一取值上，上升和下降时读数的差值，称为升降变差。

二、实训目的

1）掌握检验磁电系电压表和电流表基本误差的直接比较法。

2）熟悉以滑线变阻器作为分压器的使用方法。

三、实训仪器设备

1）直流稳压电源。 1台

2）直流电压表（作标准表用，最好0.2级）。 1只

3）直流毫安表（作标准表用，最好0.2级）。 1只

4）万用表（直流5V挡、50mA挡分别作被测表）。 1只

5）滑线可变电阻器。 1只

6）单刀开关。 1只

四、实训内容与步骤

1. 磁电系电压表基本误差的检验

1）实训电路如图7-42所示，被检表为万用表的直流5V挡，标准表为0.5级或0.2级磁电系直流电压表。

2）按表7-37中所列 U_x 值，读取标准表的指示值，记录于表7-37中，计算表中所列各项误差，并检验被检表直流5V挡是否符合准确度要求。

表 7-37

<table>
<tr><td rowspan="2">测量值</td><td>被检表电压 U_x/V</td><td>0</td><td>1</td><td>2</td><td>3</td><td>4</td><td>5</td><td>4</td><td>3</td><td>2</td><td>1</td><td>0</td></tr>
<tr><td>标准表电压 U_o/V</td><td></td><td></td><td></td><td></td><td></td><td></td><td></td><td></td><td></td><td></td><td></td></tr>
<tr><td rowspan="4">计算值</td><td>绝对误差/V
$\Delta U = U_x - U_o$</td><td></td><td></td><td></td><td></td><td></td><td></td><td></td><td></td><td></td><td></td><td></td></tr>
<tr><td>引用误差
$\gamma_n = \Delta U / U_m \times 100\%$</td><td></td><td></td><td></td><td></td><td></td><td></td><td></td><td></td><td></td><td></td><td></td></tr>
<tr><td colspan="12">最大引用误差 γ_{nm} =</td></tr>
<tr><td colspan="12">确定被检表的准确度等级 K =</td></tr>
<tr><td colspan="13">检验结论：被检表直流5V挡（符合、不符合）准确度要求</td></tr>
</table>

注意事项：

1）每次接通或切断电源（S闭、开）时，首先调节分压器的滑动触头 c，将其置于 b 的位置。

2）标准表的读数应符合有效数字的规则。

3）升、降各作一次测量，若调节时超过了测量点，应重新回到起始位置再测。

4）万用表检验完毕，将转换开关旋至交流500V挡。

2. 磁电系电流表基本误差的检验

1）实训电路如图 7-43 所示，被检表为万用表的直流 50mA 挡，标准表为 0.5 级或 0.2 级磁电系直流电流表。

2）按表 7-38 中所列 I_x 值，读取标准表的指示值，记录于表 7-38 中，计算表中各项误差，并检验被检表直流 50mA 挡是否符合准确度要求。

表 7-38

测量值	被检表电流 I_x/mA	0	20	40	60	80	100	80	60	40	20	0
	标准表电流 I_o/mA											
计算值	绝对误差/mA $\Delta I = I_x - I_o$											
	引用误差 $\gamma_n = \Delta I / I_m \times 100\%$											
	最大引用误差 γ_{nm} =											
	确定被检表的准确度等级 K =											
检验结论：被检表直流 50mA 挡（符合、不符合）准确度要求												

五、实训分析与讨论

1）为什么取被检表的指示值为整数，而不是取标准表的示值为整数？

2）为什么在读数上升或下降时不得有回调现象？

六、注意事项

1）测量时，使量值上升或下降时，不得回调，否则退到起始位置重调。

2）标准表的准确度等级应比校验表的准确度等级高两级以上。

3）电流表检测时不能达到 0 值时从最小值对称测量，每挡取整数值。

实训 19　单相电能表、三相电能表的使用

一、相关知识

1. 单相电能表

单相电能表由驱动元件、转动元件、制动元件、积算机构等组成，电能表下部有接线盒，盖板背面有接线图。安装时按接线图接线。接线时一般应符合“火线 1 进 2 出”，“零线 3 进 4 出”的原则，如图 7-44 所示。

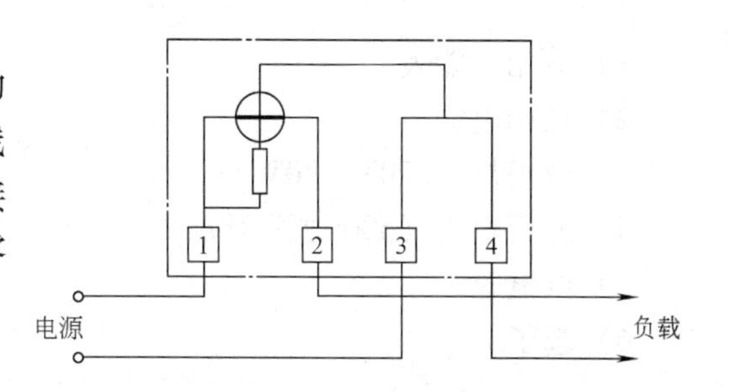

图 7-44　单相电能表接线

2. 三相电能表

工程上三相有功电能的测量，一般都采用

三相有功电能表。三相有功电能表是根据二表法或三表法的测量原理，把几个电能表的测量机构组合在一个表壳内构成的。

（1）测三相三线制电路电能的有功电能表　测三相三线制电路电能的有功电能表的原理和接线均和二表法测三相电路的有功功率相同。图 7-45 为这种电能表的结构和接线原理图，图中 1 是第一组元件，2 是第二组元件，3 是转轴，4 是接线盒。其特点是具有两个驱动元件、两个转动元件、两只制动永久磁铁和一个总的积算机构。所以实际上它是两只单相电能表的组合。作用在转轴上的总转矩为两组元件产生转矩之和，并与三相电路有功功率成正比。因此，铝盘的转数可以反映三相有功电能的大小，并通过积算机构直接显示被测三相电能的数值。国产的 DS8、DS15 等三相有功电能表，都采用这种两元件双盘的结构。

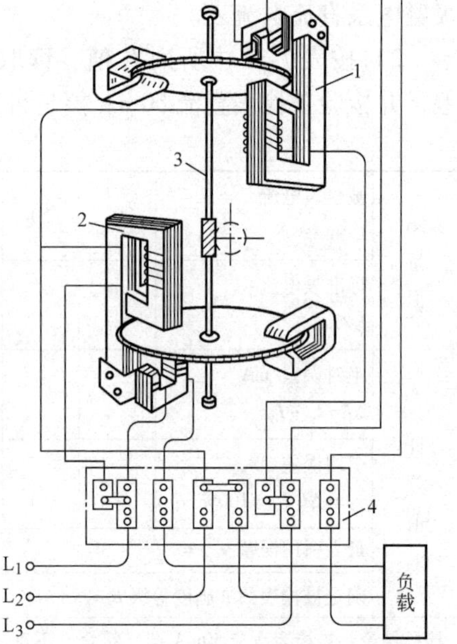

图 7-45　测三相三线制电路电能表及接线图

此外，有些测三相三线制电路电能的有功电能表还采用两元件单盘的结构，如 DS2 型。这种电能表的两组驱动元件共同作用在一个公共铝盘上，结构比较紧凑。但由于两组元件间磁通和涡流的相互干扰，所以误差一般要比两元件双盘结构电能表的大。

（2）测三相四线制电路电能的有功电能表　测三相四线制电路电能的有功电能表实际上是三个单相电能表的组合，或者采用一个转轴几个铝盘的结构，或者采用同一公共铝盘的结构。它的测量接线如图 7-46 所示。

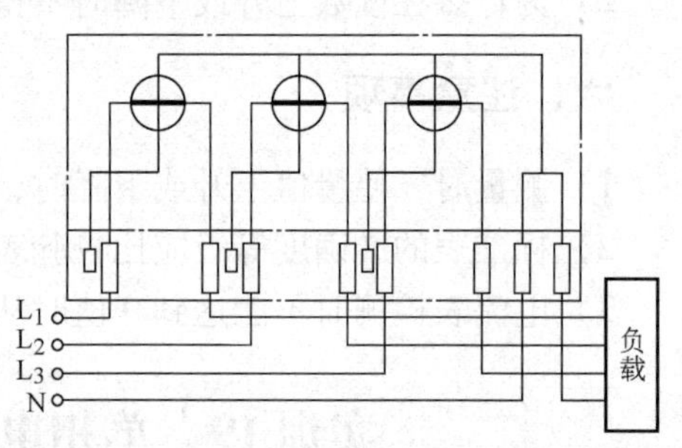

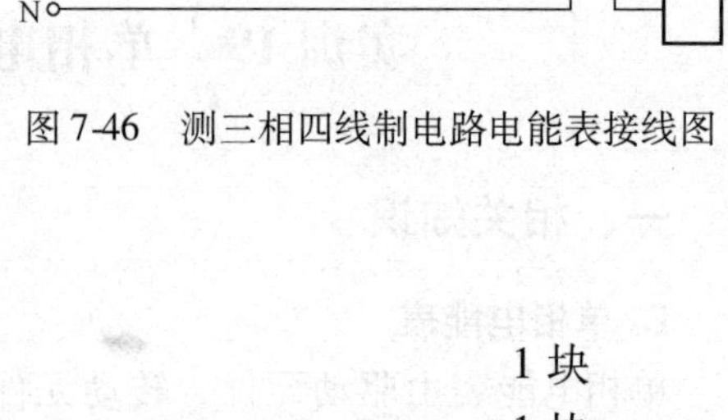

图 7-46　测三相四线制电路电能表接线图

二、实训目的

1）掌握单相电能表、三相电能表的接线。

2）了解单相电能表和三相电能表的基本原理。

三、实训仪器设备

1）单相电能表	1 块
2）三相电能表	1 块
3）白炽灯（220V、40W）	9 只
4）万用电表（500 改进型）	1 块
5）试电笔	1 只
6）起子	2 把

四、实训内容与步骤

1）按单相电能表接线图进行接线，并连接负载，观察电能表铝盘和积算值。

2）按三相有功电能表接线图进行接线，并联接负载，观察电能表铝盘和积算值。

3）观察单相电能表的灵敏度和潜动。灵敏度和潜动是电能表的两个重要技术数据。灵敏度是在额定电压、额定频率及 $\cos\phi=1$ 时，负载电流从零开始均匀增加，直至铝盘开动转动的最小电流与额定电流的百分比。潜动是指负载电流为零时电能表的转动。选择电能表在额定电压为80% ~110%时，铝盘转动不应超过一圈。按规定电能表灵敏度在0.5%以下。

五、实训分析与讨论

1）接线错误电能表能否正常工作？

2）感应系电能表能否测直流电能？为什么？

3）有人将电能表水平放置，会出现什么现象？试简要分析产生这种现象的原因。

六、注意事项

1）电能表要垂直安装或放置，倾斜度不大于1°。

2）交流电的频率与电能表频率相同。

3）负载的电压、电流不超过所用电能表额定值。

实训20　同名端和互感系数的测定

一、相关知识

1. 同名端的测定

两个磁耦合的线圈，当电流自两同名端流入时，磁通的方向是相同的，或者说是相互加强的。同名端以“＊”或“·”标记。测定同名端的方法有：

1）直流通断法。电路如图7-47所示，在开关闭合瞬间，观察直流毫伏表的指针偏转方向。若毫伏表的指针正向偏转，则接电源正端的 a 与接毫伏表的 c 端为同名端；若毫伏表的指针反向偏转，则接电源正端的 a 与接毫伏表负端的 d 为同名端。

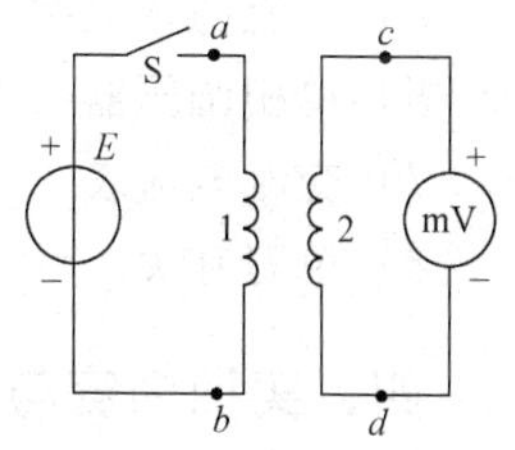

图7-47　直流通断法测定电路图

2）交流电压差法。电路如图7-48所示，互感线圈的 a、b 端接于交流电源，交流电压表所测得的电压为（$\dot{U}_1-\dot{U}_2$）的有效值。若 a 与 c 为同名端，则读数为 $|U_1-U_2|$，数值较小。若 a 与 c 为异名端，则读数为 U_1+U_2，数值较大。故可根据电压表两种读数的大小来确定同名端。

2. 互感系数 M 的测定

用互感电压法测定互感系数 M 的电路如图7-49所示，用电压表测取互感电压 U_2，当电压表的内阻很大时，U_2 与 I_1 的关系是

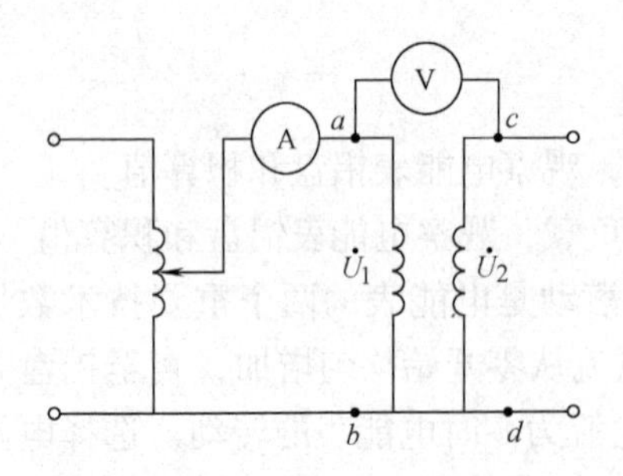

图 7-48　交流电压差法测定电路图

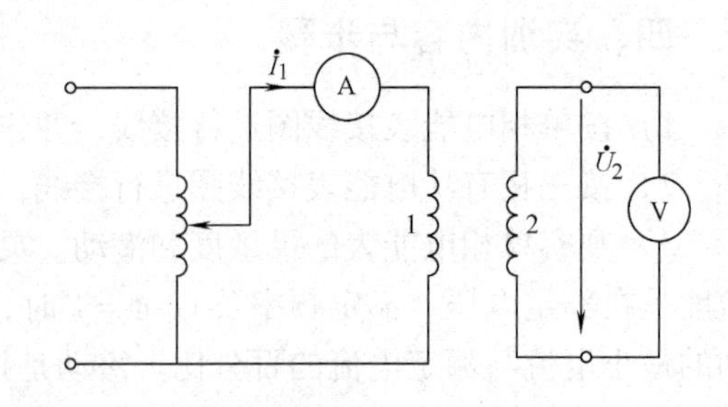

图 7-49　互感电压法测定电路

$$U_2 = \omega M_{12} I_1$$

故

$$M_{12} = U_2 / \omega I_1$$

同理，将两线圈位置互换，因

$$U_1 = \omega M_{21} I_2$$

故

$$M_{21} = U_1 / \omega I_2$$

M_{12}应与M_{21}相等。

二、实训目的

1）掌握测定同名端的方法。

2）掌握测定互感系数的方法。

三、实训仪器设备

1）互感线圈	1只
2）直流毫伏表	1只
3）交流电压表	1只
4）万用表	1只
5）直流稳压电源	1台
6）单相调压器	1台
7）交流电流表	1只
8）单刀开关	1只

四、实训内容与步骤

1. 用直流通断法测定互感线圈的同名端。

按图 7-47 接线，将开关 S 合上并立即拉开，如果在此瞬间毫伏表指针正向偏转（微动），则同毫伏表正端相接的线圈 2 的端钮 c，与同电源正端相接的线圈 1 的端钮 a 为一对同名端，在这两端钮上标上“·”的标记。

注意：开关 S 必须一合即拉开，以免线圈 1 长时间与直流电源接通。

2. 用交流电压差法校验所测定的同名端。

按图 7-48 接线，调压器由零逐渐升压，电流表作监视用，使电流限制在额定值以内，

先测 U_{ac}，再将线圈 2 的两端对调，测量 U_{ad}，将测量结果记录于表 7-39 中。

表 7-39

电流表读数 I =		（不大于线圈 1 的额定电流）
电压表读数 U_{ac} =	U_{ad} =	
验证结果：　　　端与　　　端为同名端		

3. 用互感电压法测互感系数 *M*。

按图 7-49 接线，调节调压器的输出电压，使线圈 1 中的电流 $I_1=1A$（不超过线圈 1 的额定电流），用万用表的交流电压挡测量线圈 2 的开路电压 U_{20}，然后将两线圈位置互换（线圈 2 接电源，线圈 1 开路），测量 U_{10}并记录于表 7-40 中。

表 7-40

接电源的线圈	测量值		计算值
1	$I_1=1A$	U_{20} =	$M_{12}=U_2/\omega I_1$ =
2	$I_2=2A$	U_{10} =	$M_{21}=U_1/\omega I_2$ =

五、实训分析与讨论

1）直流通断法测定同名端时，开关 S 在合上后再断开的瞬间，直流毫伏表的指针朝什么方向偏转？

2）测量互感系数还有什么其他方法？

3）试分析直流通断法测同名端的原理。

六、注意事项

1）实训中观察互感现象或测定同名端、互感系数时，交流电流表须用 500mA 量程。

2）交流电压差法测定同名端时，应在变压器一次线圈通以 220V 交流电，切勿在二次线圈上通电。

第 8 章　电工及电气测量技术综合实训

综合性实训是建立在基础实训的基础上，学生在老师的指导下，基本上可以独立地分析和解决问题，从而提高思考能力和分析研究能力，以及创新能力。

综合性实训是根据任务和提供的方案、条件，独立完成方案实施、设计计算、分析研究、调试方式、实训装置与仪器仪表的选定、检验和安全措施的制定等。

实训 1　*RC* 移相电路的设计与调试

1. 目的

1）分析几种常用的 *RC* 移相电路的性能。

2）设计和调试一种 *RC* 电路的参数。

2. 任务

1）如图 8-1 所示，利用几个 *RC* 移相环节来组成移相电路，分析这种移相电路性能的特点。这里采用三级移相环节，试分析最大的移相范围。若输出电压 $\dot{U}_2=1\angle 0°\text{V}$，计算出 $\dot{U}_1\approx 30\angle 180°\text{V}$ 时的 *RC* 参数，用示波器测量电压数值和移相范围。

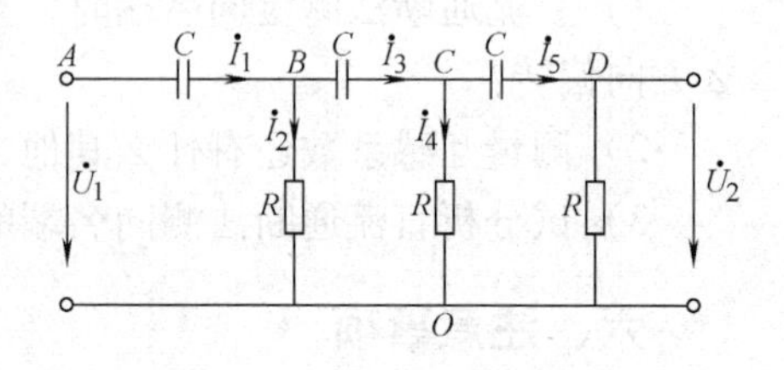

图 8-1　*RC* 多节移相电路

提示： 用反推法求出 $\dot{U}_1$ 的表达式。可设

$\dot{U}_2=1\angle 0°$，则 $\dot{I}_5=\dfrac{1}{R}$，$\dot{U}_{CD}=\dfrac{1}{\text{j}\omega C}\cdot\dot{I}_5=\dfrac{1}{\text{j}\omega RC}$，

$$\dot{U}_{CO}=\dot{U}_{CD}+\dot{U}_2=\frac{1}{\text{j}\omega RC}+1,\quad \dot{I}_4=\frac{1}{\text{j}\omega CR^2}+\frac{1}{R},$$

$$\dot{I}_3=\dot{I}_4+\dot{I}_5=\frac{1}{\text{j}\omega CR^2}+\frac{2}{R},\quad \dot{U}_{BC}=\frac{1}{\text{j}\omega C}\cdot\dot{I}_3=\frac{1}{(\text{j}\omega CR)^2}+\frac{2}{\text{j}\omega CR}$$

……

$$\dot{U}_1=\dot{U}_{AB}+\dot{U}_{BO}=\frac{1}{(\text{j}\omega CR)^3}+\frac{5}{(\text{j}\omega CR)^2}+\frac{6}{\text{j}\omega CR}+1$$

现要求 $\dot{U}_1/\dot{U}_2$ 移相 180°，因此 $\dot{U}_1/\dot{U}_2$ 应为负实数，整理 $\dot{U}_1/\dot{U}_2$，可得一复数式，令其虚部为零即可。

由 $\dot{U}_1/\dot{U}_2$ 可得其实部为 $-\dfrac{5}{\omega^2C^2R^2}+1$

而其虚部为 $\text{j}\left(\dfrac{1}{\omega^3C^3R^3}-\dfrac{6}{\omega CR}\right)$

当虚部为零时，得到角频率与电路参数的关系为 $\omega = \dfrac{1}{\sqrt{6}CR}$

当设定 ω 后可得 RC 值，从而求出 $\dot{U}_1 / \dot{U}_2$ 的值。

2）移相桥电路如图 8-2 所示，其输出电压 $\dot{U}_2 = \dot{U}_{ab}$。从相量分析可知，输出电压的有效值等于输入电压有效值的一半，即有 $\left|\dot{U}_2\right| = \dfrac{1}{2}\left|\dot{U}_1\right|$ = 常数且数值保持不变。用示波器测量移相范围。

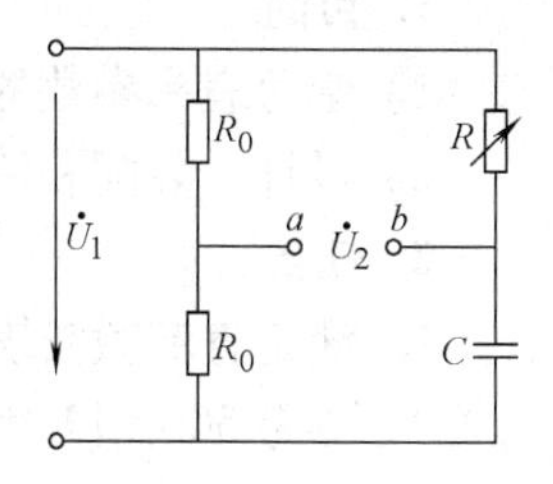

图 8-2　移相电桥

3）如图 8-3 所示的电路的主体部分仍然是 RC 桥式移相电路，改变可变电阻 R 可使 u_{AB} 和 u_{MN} 之间有 0°～180°范围连续可调的相位差。如果忽略功率表和功率因数表电压线圈、电流线圈阻抗的影响，可认为 R_1 所在支路电流 i 和 u_{NM} 同相。这样，改变 R 就可使 u_{AB} 和 i 之间有 0°～180°范围连续可调的相位差。

注意：输入电压的数值取决于移相桥元件的容量及测试仪器的测量范围上限。

4）具有运放元件的移相电路，如图 8-4 所示。所给的电路参数已标出，若信号频率为 1000Hz，要求移相范围由 15°～150°，计算出 R_1 的值所调节的范围。

注意：所给信号电压应符合电路的允许范围。

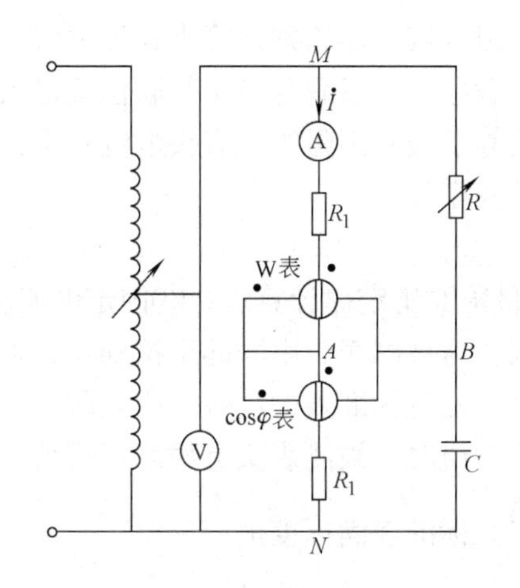

图 8-3　0°～180°的移相电路

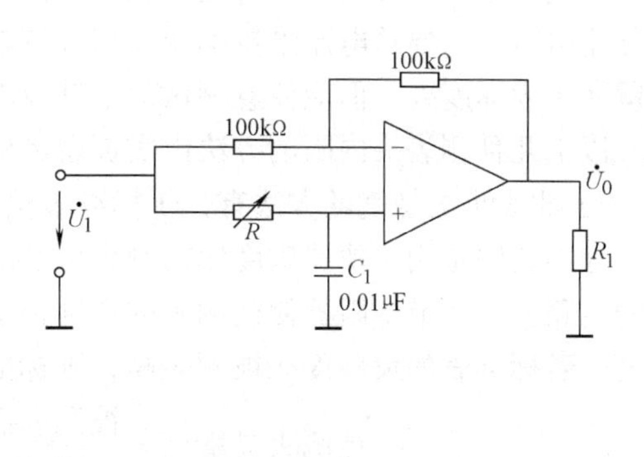

图 8-4　具有运放元件的 RC 移相电路

3. 预习和实训报告要求

1）预习有关移相的原理，在实训前初步估算各元件参数应考虑的范围以及实训的安全措施。

2）整理并分析各项任务的数据。

3）选择以上四个任务中的一个，详细地分析研究其应用可能性。在选定基础上，从设计步骤、理论分析到实用价值进行分析与研究。

实训2 万用表的设计、装配与调试

1. 目的

1）学习表头参数的测定方法。

2）设计、装配和调试一种常用的万用电表。

2. 任务

1）测定直流微安表头的参数（内阻、灵敏度、线性度）。

2）参考500型万用表的线路，结合给定的表头参数，设计具有闭合分流电路的万用表线路。要求直流电流三到四挡，直流电压三到四挡，交流电压三挡，电阻三挡（只有1.5V干电池一个）。直流挡误差不大于±4%。

3）焊接、装配和调整之后，使最终结果符合设计要求。

3. 提示

1）测定表头内阻可采用的方法有：①电桥法；②替代法；③半偏法等。每一种方法均需考虑限流安全措施以免表头过载损坏。电桥法应在电源支路上串入一个可变保护电阻$R_{变}$，其值约为

$$R_{变} \approx \frac{电桥内电源电压}{表头大概灵敏度}$$

一般50μA表头，可选$R_{变}$约为30kΩ即可。

替代法电路中同样要采取限流措施，所串入的电阻可按上述原则计算出其最大值。

半偏法原理非常简单。首先使表头满偏到准确的满标度，然后与表头并联位置接入一可变分流电阻，只要总电流维持不变，当分流电阻阻值等于表头内阻时，表头电流减半，指针停留在半满标度处。但应注意测试前指针应准确地处在零位。

以上几种测表头内阻的方法由实训者考虑选用。

2）测表头灵敏度的方法有：①标准表法；②满量限欧姆定律计算法；③固定电流法。

标准表法是用一块灵敏度比被测表头低的标准表，与被测表头串联起来接到具有限流保护的电路上。调节变阻器使被测表的指针指示满标度，此时标准表的读数即为被测表头的灵敏度。若标准表的灵敏度比被测表高，则标准表满标度值时，被测表头灵敏度可写为

$$被测表灵敏度 = \frac{被测表满标度值}{被测表的读数} \times 标准表满标度值$$

满量限欧姆定律计算法是将一变阻器R与被测表头串联接到一个非常低电压（1~2V）的直流稳压电源上。调节R使表头电流达到满量限（满标度）值。然后断开电路，并仔细地用电桥单独地测出变阻器电阻所调定的值，再结合表头内阻及稳压电源电压用欧姆定律计算出表头的灵敏度。

固定电流法的原理也是利用欧姆定律计算，但仅仅是将变阻器用一已知的固定电阻（其值已准确测出）来替代，这样实际上等于将电流固定了，其值可由计算获得。这样，被测表头的灵敏度可写为

$$被测表灵敏度 = 计算所得固定电流 \times \frac{被测表满标度值}{被测表实际的数}$$

以上几种方法由实训者考虑后选择一种。

3）表头的线性度主要由于表头圆柱铁心中心线与动圈的中心线以及极掌圆弧的中心线三者的差异造成。在标尺的主要分度处（带字分格线）应与线性度较好的标准表接近一致。要求偏差不大于满标度的（1 ~2)%。若大于规定偏差，可调整蝴蝶形支架在磁场内的位置，直至符合要求为止。

4. 设计举例——闭式分流器的计算方法示例

一个内阻为1.65kΩ，灵敏度为81μA的表头，计算出直流电流挡量限为1000，100，10和1mA的各挡闭式分流电阻。首先把表头量限扩大到极限灵敏度（即将表头灵敏度扩展到最接近的常用整数值），在此，可取100μA（或0.1mA），然后计算出总的分流电阻值，即

$$R_S = \frac{I_M R_M}{I - I_M} = \frac{81 \times 1.65}{100 - 81} \text{k}\Omega = 7.04\text{k}\Omega$$

式中 I_M——表头灵敏度；

I——取整的极限灵敏度；

R_M——表头内阻。

计算得分流电阻后，先取整（按增大方向），如取 $R_S = 8\text{k}\Omega$，然后再反算出 R_M 值，可得 $R_M = 1.88\text{k}\Omega$。但实际表头内阻只有1.65kΩ，则不足之数可以串联一个可变线绕电阻 R_0 来补足，如图8-5所示。

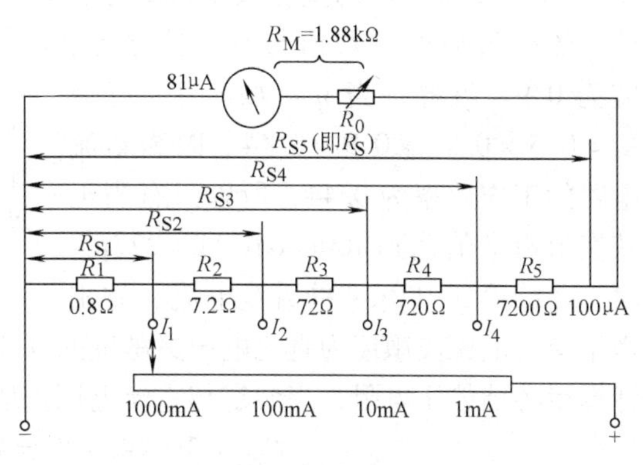

图8-5 闭式分流电路

此时，直流电流在闭合回路中的电压降为

$I_M(R_S + R_M) = 81 \times 10^{-6}(8 \times 10^3 + 1.88 \times 10^3) = 0.8\text{V}$。因此，各挡的分流电阻和相应的各串联电阻值可计算如下：

$$R_{1000\text{mA}} = R_{S1} = \frac{0.8}{1}\Omega = 0.8\Omega$$

$$R_1 = R_{S1} = 0.8\Omega$$

$$R_{100\text{mA}} = R_{S2} = \frac{0.8}{0.1}\Omega = 8\Omega$$

$$R_2 = R_{S2} - R_{S1} = 8\Omega - 0.8\Omega = 7.2\Omega$$

$$R_{10\text{mA}} = R_{S3} = \frac{0.8}{0.01}\Omega = 80\Omega$$

$$R_3 = R_{S2} - R_{S2} = 80\Omega - 8\Omega = 72\Omega$$

$$R_{1\text{mA}} = R_{S4} = \frac{0.8}{0.001}\Omega = 800\Omega$$

$$R_4 = R_{S4} - R_{S3} = 800\Omega - 80\Omega = 720\Omega$$

$$R_5 = R_S - R_{S4} = 8000\Omega - 800\Omega = 7.2\text{k}\Omega$$

直流电压挡可以从极限灵敏度抽头处引出串接倍压电阻。从上面结果可计算100μA（极限灵敏度抽头）处的等效内阻，即

$$R=\frac{R_M R_S}{R_M+R_S}=\frac{1.88\times 8}{1.88+8}\text{k}\Omega=1.52\text{k}\Omega$$

100μA 抽头相当电压灵敏度为 10kΩ/V，由此可计算各挡倍压电阻。若要计算出 10V、50V、250V、500V 各挡直流电压的倍压电阻，可写为

$$R_6=R_{10V}-1.52\text{k}\Omega=100\text{k}\Omega-1.52\text{k}\Omega=98.48\Omega$$

$$R_7=R_{50V}-1.52\text{k}\Omega=500\text{k}\Omega-1.52\text{k}\Omega\approx 500\text{k}\Omega$$

$$R_8=R_{250V}-1.52\text{k}\Omega=2.5\text{M}\Omega-1.52\text{k}\Omega\approx 2.5\text{M}\Omega$$

$$R_9=R_{500V}-1.52\text{k}\Omega=5\text{M}\Omega-1.5\text{k}\Omega\approx 5\text{M}\Omega$$

对于交流电压挡的计算，现代万用表大多采用半波整流电路，如图 8-6 所示，是其接法之一。

交流倍压电阻可按下列步骤计算：首先计算整流电路效率 K_0，$K_0=P\eta K$，其中，P 为整流因数，全波为 1，半波为 0.5；η 是整流元件的整流效率；K 为正弦交流整流后的平均值与有效值之比，应为 0.9。这样，当 $\eta=98\%$ 时，可得 $K_0=0.5\times 0.98\times 0.9=0.44$。因为整流电路的工作效率为 0.44，所以只有当正弦交流有效值达到 100μA/0.44 = 227μA 时，才能得到 100μA 的直流电流。故相当于交流电压灵敏度为直流电压灵敏度的 0.44 倍，即为 10kΩ/V × 0.44 = 4.4kΩ/V。由此可计算得各挡倍压电阻，当假定与直流电压挡取相同量程时，则有

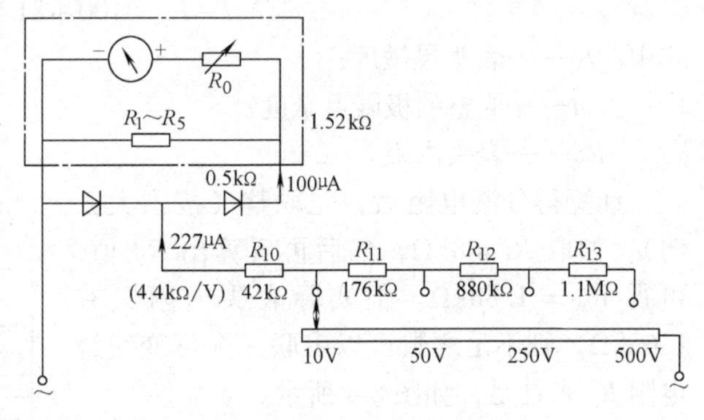

图 8-6 交流电压挡电路

$$R_{10V}=10\times 4.4\text{k}\Omega=44\text{k}\Omega$$

$$R_{10}=44\text{k}\Omega-1.52\text{k}\Omega-0.5\text{k}\Omega\approx 42\text{k}\Omega$$

$$R_{50V}=50\times 4.4\text{k}\Omega=220\text{k}\Omega$$

$$R_{11}=220\text{k}\Omega-42\text{k}\Omega=178\text{k}\Omega$$

$$R_{250V}=250\times 4.4\text{k}\Omega=1.1\text{M}\Omega$$

$$R_{12}=1100\text{k}\Omega-220\text{k}\Omega=880\text{k}\Omega$$

$$R_{500V}=500\times 4.4\text{k}\Omega=2.2\text{M}\Omega$$

$$R_{13}=2.2\text{M}\Omega-1.1\text{M}\Omega=1.1\text{M}\Omega$$

欧姆挡设计较为复杂，请参阅有关欧姆表设计书籍。这里仅简单介绍一下设计时一些主要的考虑。首先是中心值的确定，这主要取决于电源电压、表头灵敏度和满偏时从测量端看进去的等效内阻等。通常中心值采用 12Ω 或它的整数倍，如 24Ω、48Ω、60Ω 等。电源一般采用干电池，它的电压范围从全新到必须更换时约从 1.6V 到 1.2V 变动，平均内阻约 0.6Ω，

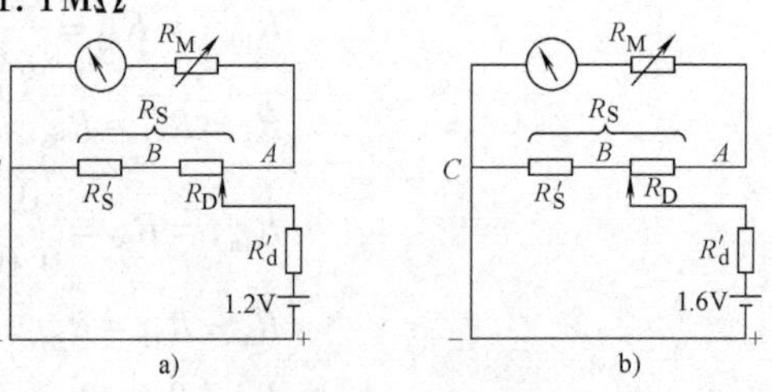

图 8-7 零欧姆调节电路

a）电池电压为 1.2V b）电池电压为 1.6V

为了调整欧姆挡的零，必须配备调零电位器（或电阻）R_D。为了使调零电位器接入电路不影响万用表的其他项目测量，可以将 R_D 作为直流电流挡分流电阻 R_S 的一部分，如图 8-7 所示。

考虑到电源电压变动的下降幅度约为新状态下电压的 1/4，即 0.4V。故要求 R_D 也为 R_S 的 1/4 即可。图 8-7a 是电池已用尽，必须更换时的电位器触头处在 A 的位置；图 8-7b 则当电池电压是最高时的电位器触头处在 B 的位置。以直流电流挡为例子，$R_S = 8\text{k}\Omega$，则 R_D 可定为 $R_S/4$，即 2kΩ。因此，在设计直流分流挡时，可将 R_S（即 7.2kΩ）分为两部分，一部分为 5.2kΩ，另一部分为 2kΩ 电位器电阻值。R_D 确定后，然后求表头回路的平均阻值（电位器在 A 位置和 B 位置时的平均阻值），最后求出限流电阻 R_d 的平均值（均先按中心值 R_Z 是 12kΩ 为准来计算或称 $R\times1\text{k}$ 挡作为中心值）。方法如下：

当 R_D 的触头在 A 处时，即

$$R_{AC} = \frac{1.88 \times 8}{1.88 + 8}\text{k}\Omega = 1.52\text{k}\Omega$$

当 R_D 的触头在 B 处时，

$$R_{BC} = \frac{(1.88 + 2)(8 - 2)}{(1.88 + 2) + (8 - 2)}\text{k}\Omega = 2.36\text{k}\Omega$$

则表头回路平均阻值为

$$R_{av} = \frac{R_{BC} + R_{AC}}{2} = \frac{2.36 + 1.52}{2}\text{k}\Omega = 1.94\text{k}\Omega$$

此时，限流电阻的平均值为

$$R_d = R_Z - R_{av} = 12\text{k}\Omega - 1.94\text{k}\Omega = 10.06\text{k}\Omega$$

当干电池电压由 1.6V 降到 1.2V 过程中，等效内阻 R_Z 变化幅度为 10.06kΩ + 2.36kΩ ~ 10.06kΩ + 1.52kΩ，即 12.42kΩ ~ 11.58kΩ

R_Z 偏离 12kΩ（$R\times1\text{k}$ 挡中心值）最大可达到 ±0.42kΩ，所引起的相对误差为

$$\beta_{R(1\text{k})} = \frac{\pm 0.42}{12} \times 100\% = \pm 3.5\%$$

其他各挡，由于并联（如 $R\times100$ 挡、$R\times1$ 挡）了其他分流电阻，误差可被压缩。经计算 $R\times100$ 挡相对误差只有 ±0.33%，可参考后面的计算。

其他各欧姆挡计算可结合图 8-8 所示的各分流电阻的实际位置进行。

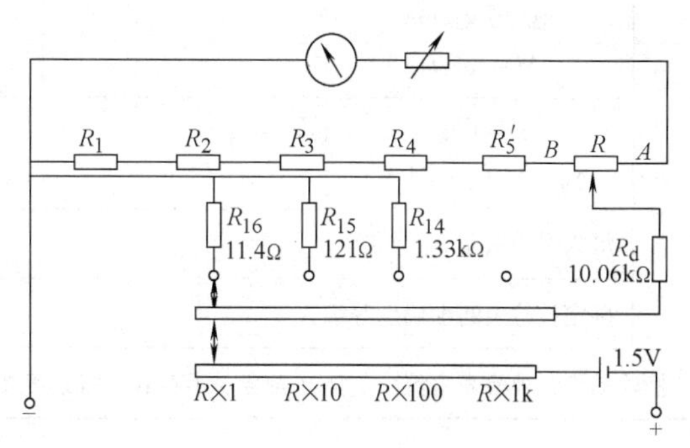

图 8-8　欧姆挡分流电阻

$R\times100$ 挡：在 $R\times1\text{k}$ 挡基础上，并联一个分流电阻 R_{14}，使其等效内阻（即中心阻值）变为 1.2kΩ 就可以了，写为

$$\frac{R_{14} \times 12\text{k}\Omega}{R_{14} + 12\text{k}\Omega} = 1.2\text{k}\Omega$$

或

$$R_{14} = \frac{12\text{k}\Omega \times 1.2\text{k}\Omega}{12\text{k}\Omega - 1.2\text{k}\Omega} = 1.333\text{k}\Omega$$

当 R_D 的触头由 B 点移向 A 点的过程中，此挡的综合内阻变化幅度为

$$R_z=\frac{12.42\mathrm{k\Omega}\times1.333\mathrm{k\Omega}}{12.42\mathrm{k\Omega}+1.333\mathrm{k\Omega}}=1204\Omega$$

$$R_z=\frac{11.58\mathrm{k\Omega}\times1.333\mathrm{k\Omega}}{11.58\mathrm{k\Omega}+1.333\mathrm{k\Omega}}=1196\Omega$$

即偏离中心阻值为 ±4Ω，故相对误差为

$$\beta_{R(100)}=\frac{\pm4}{1200}\times100\%=\pm0.33\%$$

$R\times10$ 挡和 $R\times1$ 挡计算方法相同，可分别得到各分流电阻 R_{12} 和 R_{16} 的值。

5. 预习和实训报告要求

1）查阅有关万用表的参考资料，认真阅读和理解其工作原理。

2）准备和清点各种必要的工具和材料等。

3）整理各项计算数据。

4）分析万用表的性能，并讨论如何从设计中改进它的性能。

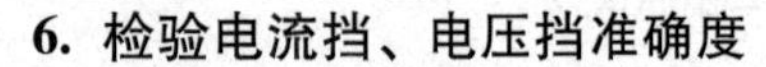

6. 检验电流挡、电压挡准确度

1）按图 8-9 对电流挡进行检验，其中标准表用 0.2 级直流电流表，R_1 用标准电阻箱，起保护作用，电源电压为 0 ~6V 连续可调，并将测量结果记录于表 8-1 中。

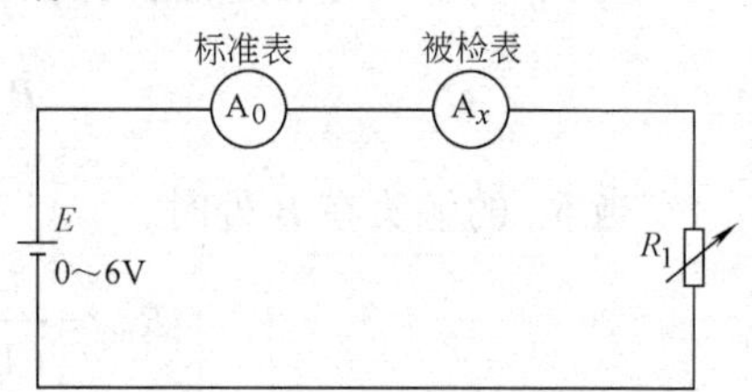

图 8-9　电流挡检验电路

表 8-1

测量值	被检表电流 I_S/mA	0	20	40	60	80	100	80	60	40	20	0
	标准表电流 I_0/mA											
计算值	绝对误差/mA $\Delta I=I_S-I_0$											
	引用误差 $\gamma_n=\Delta I/I_m\times100\%$											
	最大引用误差 γ_{nm} =											
	确定被检表的准确度等级 K =											
检验结论：被检表直流　　挡（符合、不符和）准确度要求												

2）按图 8-10 对电压挡进行检验，其中标准表用 0.2 级直流电压表，R 用标准电阻箱，起保护作用，电源电压为 0 ~6V 连续可调，并将测量结果记录于表 8-2 中。

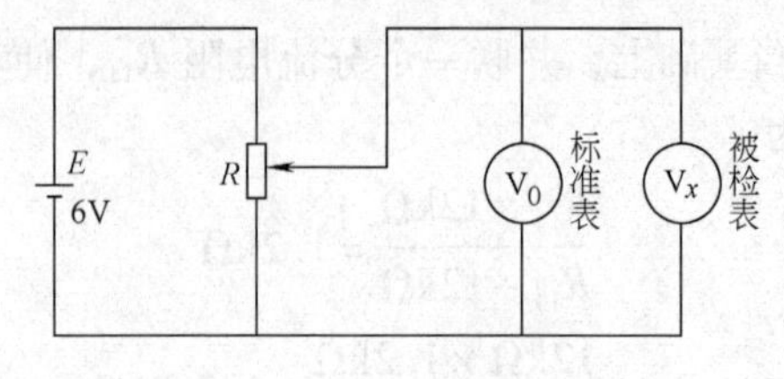

图 8-10　电压挡检验电路

表 8-2

测量值	被检表电压 U_S/V	0	1	2	3	4	5	4	3	2	1	0
	标准表电压 U_0/V											
计算值	绝对误差/V $\Delta U = U_S - U_0$											
	引用误差 $\gamma_n = \Delta U/U_m \times 100\%$											
	最大引用误差 γ_{nm} =											
	确定被检表的准确度等级 K =											
检验结论：被检表直流 5V 挡（符合、不符和）准确度要求												

实训 3　新型相位测量电路的研究

1. 目的

研究分析电子指针式相位测量电路的应用。

2. 任务

下面提供两种测量电路，并作必要的说明。选择其中之一，设计其元件参数，并要求设计限幅（削波）电路。

注意：要求两个削波器的输出电压 u'_1 和 u'_2 具有相同的幅值。

1）和差变换式相位测量电路，如图 8-11 所示。

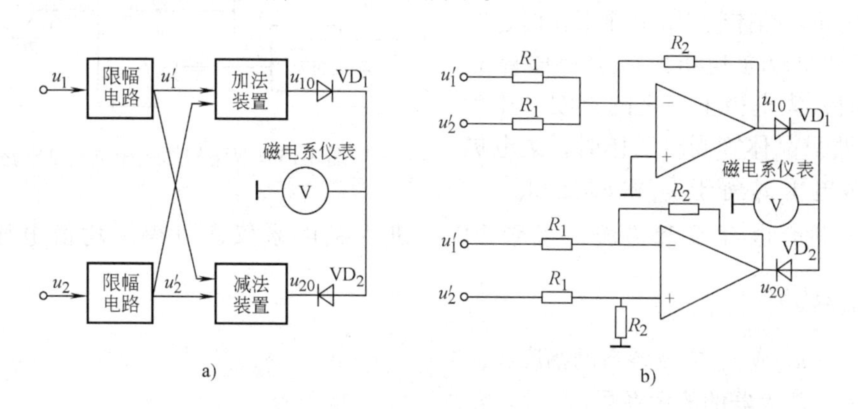

图 8-11　和差变换式相位测量电路

a）原理框图　b）电路接线图

电路说明如下。u'_1 和 u'_2 是两个同频正弦电压经过限幅后的近似等幅的方波，其幅值为 U_0，它们之间具有对应于时间 t_ϕ 的相位角差 ϕ。设正弦波的周期为 T，波形图如图 8-12a、b 所示。这两个方波经过加法和减法装置后可分别得到两者之和 u_{10} 及两者之差 u_{20}，分别如图 8-12c、d 所示，它们的幅值为 KU_0，然后再经二极管后在磁电系仪表中合成得到平均值反映两个正弦波的相位角差值。

设 ϕ 为相位角差，则可表示为

$$\phi = \frac{t_\phi}{T} \times 360°$$

经过加法和减法装置后的电压幅值为 $2KU_0$，其中 K 为运算放大器电路的比例放大系数，再经过二极管 VD_1 和 VD_2 后分别可得平均值电压为

$$U_{av1} = \frac{1}{T}\int_0^{0.5T-t_\phi} 2U_0K\mathrm{d}t$$

$$= \frac{1}{T}2U_0K\left(\frac{T}{2} - t_\phi\right) = 2U_0K\left(\frac{1}{2} - \frac{\phi}{360°}\right)$$

$$U_{av2} = \frac{1}{T}\int_0^{t_\phi} 2U_0K\mathrm{d}t = \frac{1}{T}2U_0Kt_\phi = 2U_0K\frac{\phi}{360°}$$

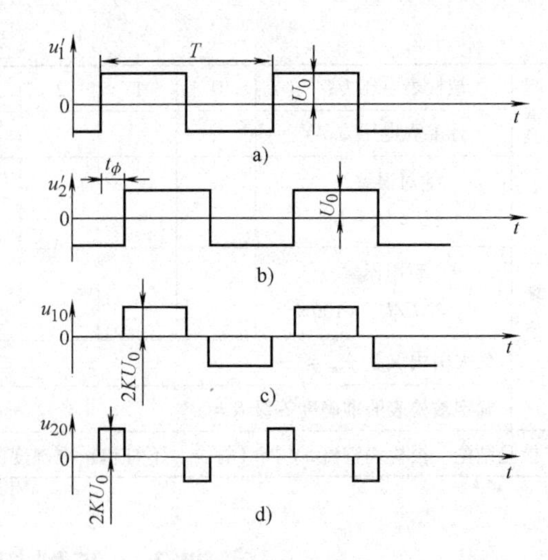

图 8-12　和差变换式相位测量电路的波形

这两个电压到磁电系表头后，得到两者差值为

$$U_{av} = U_{av1} - U_{av2} = \left(\frac{1}{2} - \frac{2\phi}{360°}\right) \times 2U_0K$$

由此可见，当 $\phi = 0°$时，$U_{av} = KU_0$；当 $\phi = 90°$时，$U_{av} = 0$；当 $\phi = 180°$时，$U_{av} = -KU_0$

2）双路相加式相位测量电路，如图 8-13 所示。两个同频正弦波经限幅后可得近于等幅的两个低值方波 u'_1 和 u'_2，它们具有同样位差角 ϕ，晶体管 V_1 单独工作时，在集电极上产生的方波电压为 u_{R1}。晶体管 V_2 单独工作时，集电极上产生的方波电压为 u_{R2}。当这两只晶体管同时工作时，集电极上总的合成电压 u_R 等于 u_{R1} 和 u_{R1} 之和。

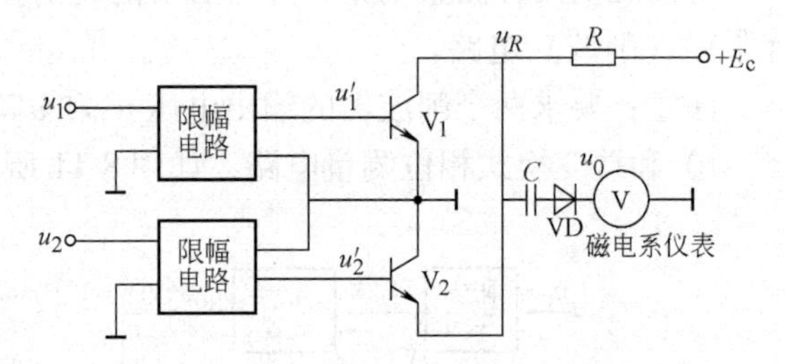

图 8-13　双路相加式相位测量电路

u_R 经过耦合电容 C 和检波二极管 VD 后进入磁电系仪表可得平均值电压为 $u_{av} = \left(\frac{1}{2} - \frac{\phi}{360°}\right)2U_0K$

式中　U_0——u_{R1} 或 u_{R2} 方波各自的幅度；

K——放大器的放大系数。

根据上式可以在磁电系表头上直接分度出相位角的值。

双路相加式相位电路的波形图如图 8-14 所示。其中图 a 表示 $\phi = 0°$（$U_{av} = KU_0$）；图 b 表示 $\phi = 90°\left(U_{av} = \frac{1}{2}KU_0\right)$；图 c 表示 $\phi = 180°$（$U_{av} = 0$）。

3. 预习和实训报告要求

1）弄清以上两种相位测量电路的工作原理。

2）实训前阅读有关限幅电路原理，初步画出限幅电路的接线图。

3）设计相位测量电路中有关的元件参数。

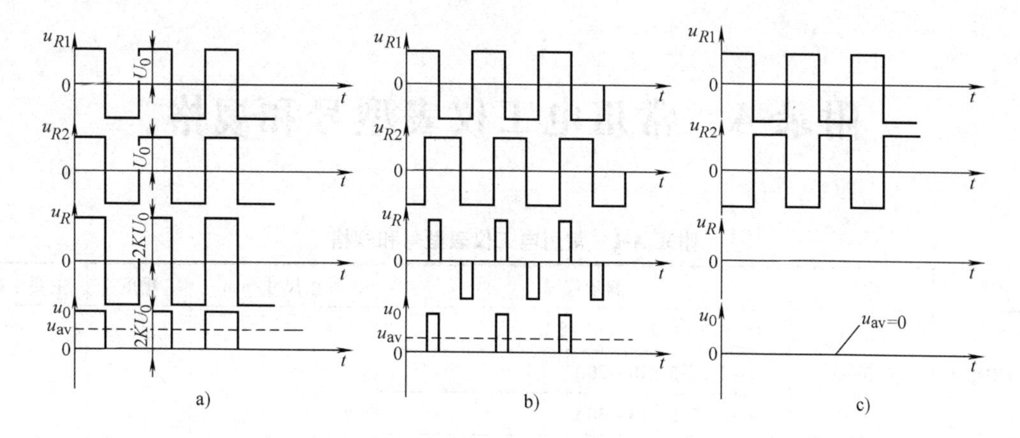

图 8-14　双路相加式相位电路波形图

a）$\phi=0$　b）$\phi=90°$　c）$\phi=180°$

4）分析和讨论所设计的相位测量电路的特点和效果。

附录A　常用电工仪表型号和规格

附表 A-1　常用电工仪表型号和规格

名称	型号	测量范围	外型尺寸/mm	精度	主要用途
直流安培表	C30—A	0~0.3~0.75~1.5~3A	135×105×57	1.0	直流电路测量
		0~2.5~5~10~20A			
		0~3~7.5~15~30A			
直流毫安表	C30—mA	0~1.5~7.5~15~30mA 0~3~15~75~150mA			
		0~50~100~500~1000mA			
直流毫伏表	C30—mV	75~0~75mV			
		0~75~150~300~1500mV			
直流伏特表	C30—V	0~3~7.5~15~30V			
		0~3~15~150~300V			
		0~3~30~150~300V			
		0~15~150~300~450V			
		0~30~75~150~300V			
		0~75~150~300~600V			
		0~150~300~450~600V			
直流安培表	C31—A	0~7.5~15~30~75~150~300~750mA 1.5~3~7.5~15~30A	220×170×100	0.5	直流电路测量及校验较低精度电表
直流毫安表	C31—mA	0~1.5~3~7.5~15mA			
		0~5~10~20~50mA			
		0~100~200~500~1000mA			
直流	C31—μA	0~10μA			
微安表		0~20μA			
		0~50μA			
		0~100~200~500~1000μA			
		0~150~300~750~1500μA			
直流毫伏表	C31—mV	0~10mV			
		0~45~75~150~300~750~1500~3000mV			
		0~100~200~500~1000mV			
		0~75mV/A			
直流伏特表	C31—V	0~0.045~0.075~3~7.5~15~30~75~150~300~600V			

（续）

名称	型号	测量范围	外型尺寸/mm	精度	主要用途
直流伏特表	C31—V	0～1.5～15～150～1500V	220×170×100	0.5	直流电路测量及校验较低精度电表
		0～2～5～10～20V			
		0～50～100～200～500V			
直流伏安表	C31—VA	0～1.5～3～7.5～15～30A～3～1 5～30～75～150～300～600V			
直流微安表	C38—μA/1	0～1～2～5～10～20～50～100～200～500～1000μA	220×170×110	0.5	弱电流、直流电路测量及晶体管和静态参数测试
直流微安表	C38—μA/2	0～1.5～3～7.5～15～30～75～150～300～750～1500μA			
直流毫伏表	C38—mV/1	0～1～2～5～10～20～50～100～200～500～1000mV			
	C38—mV/2	0～1.5～3～7.5～15～30～75～150～300～750～1500mV			
直流毫伏微安表	C38—mV、μA/1	0～2.5～5～10～20～50mV 25～50～100～200～500μA			
	C38—mV、μA/2	0～100～200～500～1000～2000mV 1～2～5～10～200μA			
直流微安表	C41—μA	0～50μA　0～75μA	315×230×120	0.2	生产线上做标准或计量室使用及直流电路测量
		0～100～200～500～1000μA			
		0～150～300～750～1500μA			
直流毫安表	C41—mA	0～10mA　0～1.5～1500mA			
		0～3～7.5～15～30mA			
		0～5～10～20～50mA			
		0～75～150～300～750mA			
		0～100～200～500～1000mA			
直流安培表	C41—A	0～2～5～10～20A			
		0～1.5～3～7.5～15～30A			
直流毫安、安培表	C41—mA、A	0～1.5～3～7.5～15～30～75～150～300～750mA 1.5～3～7.5～15A			
直流毫伏、伏特表	C41—mV、V	0～45～75～150～300～750mV 1.5～3～7.5～15～30～75～150～300～750V			
直流毫伏表	C41—mV	0～10mV　0～20mV　0～45mV　0～75mV 0～150～300～750～1500mV 0～100～200～500～1000～2000mV			
直流伏特表	C41—V	0～1.5～3～7.5～15～30V			

（续）

名称	型号	测量范围	外型尺寸/mm	精度	主要用途
直流伏特表	C41—V	0～2～5～10～20～50V 0～50～100～200～500V 0～75～150～300～750V	315×230×120	0.2	生产线上做标准或计量室使用及直流电路测量
直流毫安、毫伏表	C41—mA、mV	0～1.5～3～7.5～15～30～75～150～300～750～1500mA 45～75～150～300～750～1500～3000mV			
直流伏安表	C41—A、V/1	0～1.5～3～7.5～15～30～75～150～300～750mA 1.5～3～7.5～15～30A～45～75～150～300～750mV 1.5～3～7.5～15～30～75～150～300～750V			
	C41—A、V/2	0～1～2.5～5～10～25～50～100～250～500mA 1～5A～0.025～0.5～1～2.5～5～10～25～50～100～250～500～1000V			
直流微安表	C50—μA	0～50～100～200～500～1000μA	325×230×120	0.1	工厂、科研部门的计量室作为标准表和在实训室作精密电气测量
直流毫安表	C50—mA	0～1.5～3～7.5～15～30～75～15～300～750mA			
直流安培表	C50—A	0～1.5～3～7.5～15A			
直流毫伏表	C50—mV	0～45～75～150～300～750～1500～3000mV			
直流伏特表	C50—V	0～1.5～3～7.5～15～30～75～150～300～600V			
直流伏安表	C50—VA	0～1.5～3～7.5～15A 1.5～3～7.5～15～30～75～150～300～600V			
交直流毫安表	D26—mA	0～150～300mA 0～250～500mA	266×193×133	0.5	供直流电路和交流 50Hz(60Hz)电路中测电流、电压、功率或作标准表
交直流安培表	D26—A	0～0.5～1A　0～1～2A　0～2.5～5A 0～5～10A　0～10～20A			
交直流伏特表	D26—V	0～75～150～300V 0～125～250～500V 0150～300～600V			

（续）

名称	型号	测量范围	外型尺寸/mm	精度	主要用途
交直流毫安表	T19—mA	0～10～20　0～25～50　0～50～100 0～100～200　0～150～300　0～250～500	200×170×100	0.5	供直流电路和交流额定频率为50Hz电路中测量电流、电压
交直流安培表	T19—A	0～0.5～1A　0～1～2A 0～2.5～5A　0～5～10A			
交直流伏特表	T19—V	0～7.5～15V　0～15～30V　0～30～60V 0～50～100V　0～75～150V　0～150～300V 0～300～600V			
交直流毫安表	T24—mA	0～15～30～60mA 0～75～150～300mA	315×320×315	0.2	实训室精密测量或计量室作标准表
交直流电流表	T24—A	0～0.5～1A　0～2.5～5A 0～5～10A	315×320×315	0.2	实训室精密测量或计量室作标准表
交直流电压表	T24—V	0～15～30～45～60V 0～75～150～300V 0～150～300～450～600V			
交流安伏表	T24—AV	0～0.075～0.15～0.3～0.75～1.5～3～7.5～15～30A 7.5～15～30～75～150～300～750V			
交流安培表	T24—A	0～0.075～0.15～0.3～0.75～1.5～3～7.5～15～30～60A			
交直流安培表	T30—A	0～5～10A　0～3～6A 0～2.5～5A　0～0.75～1.5A	325×240×140	0.1	实训室精密测量或计量室作标准表
交直流伏特表	T30—V	0～75～150～300～600V 0～15～30～45～60V			
交直流毫安表	T30—mA	0～250～500mA 0～100～200mA			
单相功率表	T26—W	0～0.5～1A　0～1～2A 0～2.5～5A　0～5～10A(0～75～150～300V) 0～0.5～1A　0～1～2A 0～2.5～5A　0～5～10A　0～10～20A(0～125～250～500V)或(0～150～300～600V)	266×193×133	0.5	供直流电路和交流50Hz(60Hz)测量电流、电压功率，或做标准表用

（续）

名称	型号	测量范围	外型尺寸/mm	精度	主要用途
三相功率表	D33—W	0~0.5、0~1、0~2、0~2.5、0~5A(0~50~100~200V)或(0~100~200~400V)	266×193×167	1.0 0.5	供频率为45~65Hz的交流三相电路测量有功功率
	D33—W	0~0.5、0~1、0~2、0~2.5、0~5、0~10A(0~75~150~300V)或(0~125~250~500V)			
	D33—W	0~0.5、0~1、0~2、0~2.5、0~5、0~10A(150~300~600V)			
单相低功率因数功率表(cosϕ=0.2)	D34—W	额定电流0~0.25~0.5A、0~0.5~1A、0~1~2A、0~2.5~5A、0~5~10A(额定电压0~25~50~100V)	266×193×133	0.5	适用于直流或交流50Hz电路中测量功率及软磁材料中测量铁损
三相低功率因数功率表(cosϕ=0.2)	D34—W	额定电流0~0.25~0.5A、0~0.5~1A、0~1~2A、0~2.5~5A、0~5~10A(额定电压0~25~50~100V)或(额定电压0~75~150~300V)或(额定电压0~150~300~600V)			
单相相位表	D26—cosϕ	电流0~0.25~0.5、0~0.5~1、0~1~2、0~2.5~5、0~5~10、0~10~20A(电压110V,cosϕ为0.5~1~0.5)(电压220V,cosϕ为0.5~1~0.5)	266×193×133	1.0	供单相交流50Hz电路中测量负载的功率因数
三相相位表	D31—cosϕ	电流0~0.25~0.5、0~0.5~1、0~1~2、0~2.5~5、0~5~10、0~10~20A(电压110V、220V、380V其中cosϕ为0.5~1~0.5)	266×193×133	1.0	供频率为45~65Hz三相三线平衡电路中测量负载的功率因数
兆欧表	ZC—8(接地电阻测量仪)	0~1~10~100Ω 0~10~100~1000Ω	170×110×164	±1.5% ±5%	测试接地电阻
兆欧表	ZC—7	500V(测0~500MΩ) 1000V(测0~2000MΩ) 2500V(测0~5000MΩ)	170×110×125	1.0	测量绝缘材料、漆包线绝缘强度等
兆欧表	ZC—11	①100V(0~500MΩ、⑥0~20MΩ) ②250V(0~1000MΩ、⑦0~50MΩ) ③500V(0~2000MΩ、⑧0~100MΩ) ④1000V(0~5000MΩ⑨0~200MΩ) ⑤2500V(0~10000MΩ⑩0~2500MΩ)	210×125×130	1.0	测量绝缘材料、漆包线绝缘强度,测量设备的绝缘电阻等

（续）

名称	型号	测量范围	外型尺寸/mm	精度	主要用途
兆欧表	ZC—25	①100V(0～100MΩ) ②250V(0～250MΩ) ③500V(0～500MΩ) ④1000V(0～1000MΩ)	210×120×150	1.0	测量绝缘材料、漆包线绝缘强度，测量设备的绝缘电阻等
自动绝缘电阻测试仪	ZC—17	100V/250V(20/50MΩ) 250V/500V(50/100MΩ) 500V/1000V(1000/2000MΩ)	170×105×55	1.5	
晶体管直流变换器兆欧表	ZC30	5000V(0～10000MΩ)		1.5	
直流电流表安装式	44C1—A	50μA、100μA、150μA、200μA、300μA、500μA 1mA、2mA、3mA、5mA、10mA、15mA、20mA、30mA、50mA、100mA、150mA、200mA、300mA、500mA 1A、2A、3A、5A、7.5A、10A	100×80×ϕ60	1.5	安装仪器设备或控制面板上
直流电压表安装式	44C1—V	1.5V、3V、5V、7.5V、15V、20V、30V、50V、75V、100V、150V、200V、250V、300V、450V、500V、600V			
交流电流表安装式	44L1—A	0.5A、1A、2A、3A、5A、10A、20A 直接通 5A、10A、15A、20A、30A、50A、75A、100A、150A、200A、300A、400A、600A、750A 1kA、1.5kA、2kA、3kA、5kA、10kA 经互感器	100×80×66	1.5	安装仪器设备或控制面板上
交流电压表安装式	44L1—V	15V、30V、50V、75V、150V、250V、300V、450V(直接接通) 450～600V、3.6kV、7.2kV、12kV、18kV、42kV、150kV、360kV、450kV(经互感器接通)			
功率因数表安装式	44L1—cosϕ	单相 0.5～1～0.5(额定电压电流 5A 100V,5A 220V)	100×80×58.7	2.5	安装仪器设备或控制面板上
频率表安装式	44L1—Hz	45～55Hz、55～65Hz、350～450Hz、450～550Hz 额定电压 50V、100V、220V、380V	100×80×71.2	5.0	安装仪器设备或控制面板上
三相功率表安装式	44L1—W	50V、127V、100V、380V(额定电压) 0.5A、5A(额定电流)	100×80×ϕ60	2.5	安装仪器设备或控制面板上

（续）

名称	型号	测量范围	外型尺寸/mm	精度	主要用途
直流单臂电桥	QJ23	0～106Ω 在 102～99990Ω 内		0.2	测量直流中值电阻
直流双臂电桥	QJ103	0.001～11Ω		0.2	测量直流小电阻
直流单双臂电桥	QJ31	10～11110Ω(单电桥)		0.1	测量直流小电阻和中值电阻
		0.0001～111.1Ω(双电桥)			
交流阻抗电桥(还有QS23、QS1、GDQ100、QS27、QS21等)	WQ—5A	0.01～10Ω、10～10kΩ、100kΩ～1.2221MΩ 1～1000pF、11000pF～1μF、1～122.21μF 1～1000μH　1000MH～1H、1～122.21H		±2% ±1% ±2%	测量电阻、电容、电感等参数
	QS18A	R:0.1～1MΩ C:0.5pF～1100μF D:0～10 L:0.5μH～110H Q:0～10		1.0	

注:安装表还有 42 型、59 型、62 型、85 型、91 型、99 型等。

附表 A-2　几种常用万用电表型号规格

测量功能 \ 范围 \ 型号	MF79	MF104	MF116	MF70	500
量程数	33	59	28	76	24
直流电压 DC V	0.25～1000V	0.1～500V	0.25～1000V	0.5～1000V	0～500V
交流电压 AC V	10～1000V	1～500V	10～1000V	0.5～1000V	0～500V
交直流毫伏电压				50mV、100mV	
交直流高压			25000V	12500V、25000V	2500V
直流电流 DCA	50μA～5A	50μA～5A	50μA～2.5A	0.5μA～5A	50μA～0.5A
交流电流 ACA	2.5mA～5A	0.1mA～1A	250mA,2.5A	0.5mA～5A	
电阻	R×1Ω～10kΩ	R×1Ω～100kΩ	R×1Ω～10kΩ	R×10Ω～100kΩ	R×1Ω～10kΩ
高阻				R×1MΩ	
音频电平/dB		-20～56	-10～50	-20～60	-10～22
电容 C	0.001～0.3μF	0.01～3×105μF	0.001～0.3μF	0.02～2000μF	
电感 L			20～1000H	10mH～1000H	
晶体管 hFE	0～300	0～150 0～300	0～500	0～250	

（续）

测量功能 \ 范围 \ 型号		MF79	MF104	MF116	MF70	500
负载电流 LA			0～107mA			
负载电压 LV			0～15V			
音频功率 P		0.1～12W	0.1～12W		2.5～2500W	
电池检查 BATT		0.9～1.5V				
蜂鸣器 BZ		<10Ω 时发声				
音频信号发生器					1kHz,150mV	
电压灵敏度	DC	20kΩ/V	100kΩ/V	20kΩ/V	输入阻抗 10MΩ	20kΩ/V
	AC	4kΩ/V	10kΩ/V	5kΩ/V	输入阻抗 10MΩ	4kΩ/V
准确度	DCV	±2.5%	±2.5%	±2.5%	±15%	±2.5%
	ACV	±5.0%	±5.0%	±5.0%	±2.5%	±5.0%
	Ω	±2.5%	±10%	±2.5%	±1.5%	±2.5%

附表 A-3　数字万用表型号规格

档　次	功能档次	型　号	备　注
低档数字万用表	普及	DT810；DT830A、B、C、D；DT860B、D；DY910；3211B 等	3½位
中档数字万用表	多功能	DT890B；DT890C＋；DT890D；DT940C；DT970	
	中等准确度多功能	DT930F＋；DT980；DY1000	4½位
	4½台式	8050A、Hz1942；DM8145 等	
智能数字万用表	中档智能	VC8235 3¾位；VC8345 4¾位	4～8 位单片机均配 RS—232 接口
	高档智能	8840A（5½）8520A（6½或 7½）HG1971（6½或 7½）	8～16 位微处理器配 RS—232 或 IEEE—488 接口与计算机相连
此外还有数字/模拟混合式万用表；数字/模拟条图双显示及多重显示数字万用表；万用示波表；专用数字表等			

附录B　实训课程考核方案

在高职教育中素以能力为培养目标，突出能力的考核也是非常必要的，实训课程中可以较全面地考核学生的动手能力、分析问题能力、解决问题的能力、归纳总结的能力、书写能力等。在实训中要求“动作熟练、接线正确、布局合理、准确读数、恰当分析、处理正确、独立慎密、注意安全”。写实训报告时要“作图完整、符号准确、记录详实、分析中肯、结论合理、语句通顺、简明扼要”。为此我们制定一份实训考核表，以利考核。

附表B-1　“电工及电气测量技术实训课”评分标准

考核项目	评分标准	分	扣分记录	得分
实训步骤	实训步骤正确、清晰、合理	5		
接线、通电	接线正确，检查无误后接通电源	0		
测试数据	测试数据正确、可靠、属实	5		
问题处理	能自己正确分析和处理遇到的问题	0		
使用设备、仪器、仪表	熟练使用设备、仪器、仪表等	0		
实训安全	实训过程符合安全规程			
清理现场	现场清理，整洁有序			
实训报告	实训报告书写工整，分析结论正确	0		
总评			总分	

说明：

1）配分在20分的项目每次可以扣减3~5分。

2）配分在10分的项目每次可以扣减2~3分。

3）配分在10分以下的项目每次可以扣减1~2分。

4）扣减配分应在扣分记录内进行记录。

5）除实训报告在实训后评分外，其他项目均要在现场评分。

6）实训考核每场至少要有两位老师在场。

7）实训考核考场每场在20人以内，每人一个工位。

参考文献

[1] 陆国和．电工实验与实训［M］．北京：高等教育出版社，2001.

[2] 成都市教育科学研究所编．电工仪表与测量［M］．北京：高等教育出版社，1991.

[3] 张永枫，李益民．电子技术基本技能实训教程［M］．西安：西安电子科技大学出版社，2002.

[4] 付植桐．电工技术实训教程［M］．北京：高等教育出版社，2004.

[5] 黄筱霞，等．电工测量技术与电路实验［M］．广州：华南理工大学出版社，2004.

[6] 钱克如，江维澄．电路实验技术基础［M］．杭州：浙江大学出版社，1997.

[7] 张永瑞．电路分析基础实验与题解［M］．2 版．西安：西安电子科技大学出版社，2000.

[8] 张渭贤．电工测量［M］．2 版．广州：华南理工大学出版社，2000.

[9] 陈立周．电气测量［M］．3 版．北京：机械工业出版社，2002.

[10] 吴涛．电工基础实验［M］．2 版．北京：高等教育出版社，1996.